NX 9.0 für Maschinenbauer

W0269245

Mustafa Celik

NX 9.0 für Maschinenbauer

Grundlagen Technische Produktmodellierung

Springer Vieweg

Mustafa Celik
Hochschule RheinMain
Rüsselsheim, Deutschland

ISBN 978-3-658-07783-9   ISBN 978-3-658-07784-6 (eBook)
DOI 10.1007/978-3-658-07784-6

Die Deutsche Nationalbibliothek verzeichnet diese Publikation in der Deutschen Nationalbibliografie; detaillierte bibliografische Daten sind im Internet über http://dnb.d-nb.de abrufbar.

Springer Vieweg
© Springer Fachmedien Wiesbaden 2015

Das Werk einschließlich aller seiner Teile ist urheberrechtlich geschützt. Jede Verwertung, die nicht ausdrücklich vom Urheberrechtsgesetz zugelassen ist, bedarf der vorherigen Zustimmung des Verlags. Das gilt insbesondere für Vervielfältigungen, Bearbeitungen, Übersetzungen, Mikroverfilmungen und die Einspeicherung und Verarbeitung in elektronischen Systemen.

Die Wiedergabe von Gebrauchsnamen, Handelsnamen, Warenbezeichnungen usw. in diesem Werk berechtigt auch ohne besondere Kennzeichnung nicht zu der Annahme, dass solche Namen im Sinne der Warenzeichen- und Markenschutz-Gesetzgebung als frei zu betrachten wären und daher von jedermann benutzt werden dürften.

Der Verlag, die Autoren und die Herausgeber gehen davon aus, dass die Angaben und Informationen in diesem Werk zum Zeitpunkt der Veröffentlichung vollständig und korrekt sind. Weder der Verlag noch die Autoren oder die Herausgeber übernehmen, ausdrücklich oder implizit, Gewähr für den Inhalt des Werkes, etwaige Fehler oder Äußerungen.

Lektorat: Thomas Zipsner

Gedruckt auf säurefreiem und chlorfrei gebleichtem Papier.

Springer Fachmedien Wiesbaden GmbH ist Teil der Fachverlagsgruppe Springer Science+Business Media
(www.springer.com)

Vorwort

Die hier zu Grunde liegenden Unterlagen wurden an der Hochschule RheinMain im Studienbereich Maschinenbau erarbeitet. Die Unterlagen haben sich über mehrere Jahre hindurch in unterschiedlichen Studiengängen der Ingenieurwissenschaften bewährt. Die vorgeschlagenen Konstruktionsmethoden und Vorgehensweisen zeigen nur einen Ausschnitt von möglichen Methoden. Das System Siemens PLM NX besitzt ein sehr großes Arsenal an Funktionen. Um dieser Anzahl an Funktionen und deren Einsatzgebieten gerecht zu werden, wurden an einigen Stellen auch unkonventionelle Methoden aufgezeigt. Damit wird beabsichtigt, dass der Leser nicht nur die Bedienung des Systems erlernt, sondern auch viele und zum Teil unterschiedliche Vorgehensweisen kennenlernt.

Die Unterlagen richten sich an Personen, die bereits erste Erfahrungen mit NX im Bereich der Konstruktion mit Regelgeometrie haben. Die Unterlagen sind so aufgebaut, dass neue Funktionen zunächst detailliert beschrieben werden und bei wiederholter Anwendung der gleichen Funktion die Beschreibung nur noch verkürzt erfolgt. In der Anleitung sind der Einfachheit halber die Pfade zu den Funktionen fett gedruckt, damit der Leser schneller erkennt, wie die Funktionen aufzurufen sind.

Die Einführung in das Modellieren mit Freiformflächen geschieht an zwei praxisnahen Beispielen. Mit dem ersten Beispiel - der Felge, soll die Umsetzung eines Modells mit wenigen Einflussgrößen geübt werden. Bei dem zweiten Übungsbeispiel - der Computermaus, soll die Vorgehensweise bei der Erstellung eines CAD-Modells mit Hilfe einer Design-Skizze gelehrt werden. Abschließend wird in Grundzügen die Beurteilung von Freiformelementen (Splines und Flächen) aufgezeigt.

Da viele Firmen meist mit der englischsprachigen Installation des CAD-Systems NX arbeiten und eine Vielzahl an Literatur für die englischsprachige Installation zu finden ist, wird auch bei dieser Anleitung die englischsprachige Installation berücksichtigt.

Mit diesem Buch wird nicht der Anspruch erhoben, alle möglichen Methoden der Konstruktion oder alle Funktionen von NX aufzuzeigen.

Wir wünschen viel Erfolg und Spaß beim Durcharbeiten des Arbeitsbuches.

Wallerstädten, im Januar 2015   M.Eng. Mustafa Celik

Danksagung

Zunächst möchte ich mich an dieser Stelle bei all denjenigen bedanken, die mich während der Anfertigung dieses Buches unterstützt und motiviert haben.

Ganz besonderer Dank gilt den angehenden Ingenieuren Herrn Bulut Gökbulut und Herrn Ersin Yavuz, die mich bei der Ausarbeitung und der Umsetzung dieses Buches tatkräftig unterstützt haben. Ich möchte an dieser Stelle ganz besonders den Fleiß und die Sorgfalt der beiden Herren hervorheben.

Auch meinem ehemaligen Kollegen Dipl. –Ing. (FH) Felix Schäfer möchte ich an dieser Stelle für die Überlassung der Design-Skizze im Kapitel **Produktmodellierung mit NX 9 – Computermaus** danken.

Darüber hinaus gilt mein Dank Herrn Philip von Groß, der als „Proband" mit sehr viel Geduld und Enthusiasmus die Unterlagen durchgespielt hat.

Ein besonderer Dank gilt meiner Familie, insbesondere meiner Frau Hülya, die mich während der Bearbeitung des Buches zu jedem Zeitpunkt in allen Belangen unterstützt hat.

Schließlich danke ich Frau Imke Zander und Herrn Thomas Zipsner für die konstruktive Betreuung als Lektoren des Verlags Springer Vieweg.

Inhaltsverzeichnis

1 Einführung

1.1 Modelle für die Einführung in Freiformflächenmodellierung

Das Ziel dieses Buches ist es, Sie in das Themengebiet der Freiformflächenmodellierung mit Siemens PLM NX 9.0 einzuführen. Dabei soll zunächst die Bedienung des Systems im Vordergrund stehen. Nach einer gewissen Reifezeit sollte man sich mit den vorgeschlagenen Konstruktionsmethoden auseinandersetzen. Als Übungsbeispiele dienen hierzu Produkte aus der Automobil- und Computerindustrie: eine Automobilfelge und eine Computermaus.

Bild 1-1 Autofelge

Bild 1-2 Computermaus

Genauso wichtig wie das Erstellen von Freiformflächen ist das Bewerten von Freiformflächen. Im letzten Kapitel werden die dazu notwendigen Werkzeuge sowie die Deutung der Ergebnisse an den Beispielen aufgezeigt. Die richtige Deutung der Ergebnisse erfordert sehr viel Erfahrung und Fingerspitzengefühl, welche in der Regel nur durch langjähriges Arbeiten angeeignet werden können.

1.2 Einführung in die Freiformflächenmodellierung

Mit dem Begriff Freiformflächen sind vorwiegend sehr hochwertige und komplexe Produktoberflächen gemeint, die meist mit einfacher Regelgeometrie nicht oder sehr aufwendig abgebildet werden können. Es wird versucht die Flächen sehr harmonisch und mit weichen Übergängen zu gestalten. Die zum Teil mehrfach im Raum gekrümmten Flächen sind heutzutage die Grundlage sehr vieler Produkte, wodurch eine immer größer werdende Nachfrage an kompetenten Mitarbeitern bezüglich der Freiformmodellierung entsteht. Der Umgang mit Freiformflächen erfordert ein gewisses Grundwissen über Flächenaufbau wie Flächengrade und Segmente sowie Flächenübergänge.

1.2.1 Grundlagen der Freiformelemente

Bei der Anwendung in der Praxis werden Freiformflächen häufig aus zweidimensionalen unregelmäßigen Kurvenzügen, sogenannten Splines erstellt. Die Splines sind unregelmäßige Kurvenzüge mit definierten Stützpunkten für deren Verlauf meist eine mathematische Funktion zum Einsatz kommt. Ein Spline simuliert digital das Prinzip einer Straklatte aus dem Schiffsbau. Mit Hilfe einer Straklatte, einem bis zu mehreren Metern langer und flexibler Holzbalken, konnte man geschwungene und komplexe Formen erstellen. Dazu wurden die Balken oder die Leisten mit Gewichten/Nägeln an den gewünschten Stellen erschwert/befestigt, sodass sich die benötigte Form ergab. Dieses Prinzip gilt auch für die Erstellung von Splines am Rechner, allerdings werden statt Gewichte/Nägel einfache Stützpunkte benutzt. Je nachdem wie ein Stützpunkt gesetzt wird beeinflusst er den Verlauf des Splines. Dies ist in den beiden unteren Abbildungen sehr gut zu erkennen.

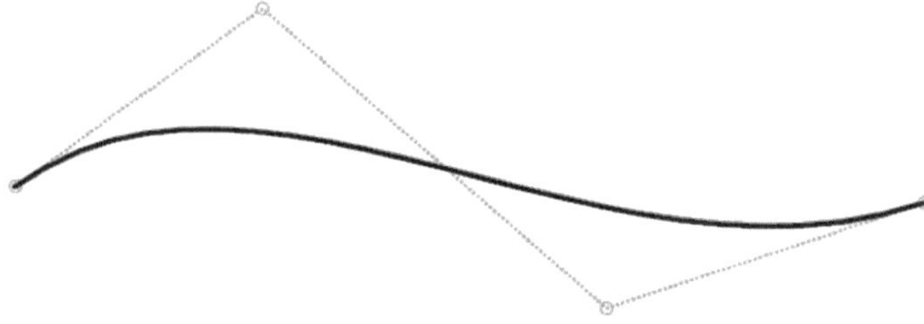

Bild 1-3 Spline

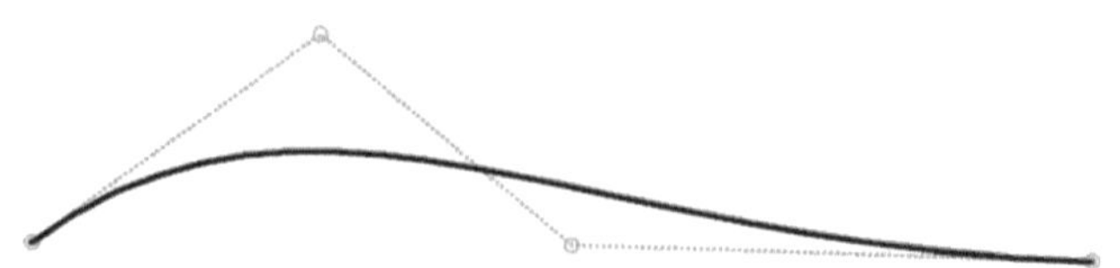

Bild 1-4 Spline Stützpunkt verschoben

Bézierkurven:

Als Bézierkurven werden einsegmentige Freiformkurven bezeichnet, deren erster und letzter Kontrollpunkt auf der Kurve liegt. Die inneren Kontrollpunkte bestimmen die Kurve über ein Approximationsverfahren. Sie „ziehen" den Graphen der Kurve wie ein Magnet an und beeinflussen so seine Form. Bewegt man einen Kontrollpunkt um einen bestimmten Wert in eine Richtung, wird sich die Kurve ebenfalls in diese Richtung verformen, jedoch um einen proportional kleineren Wert.

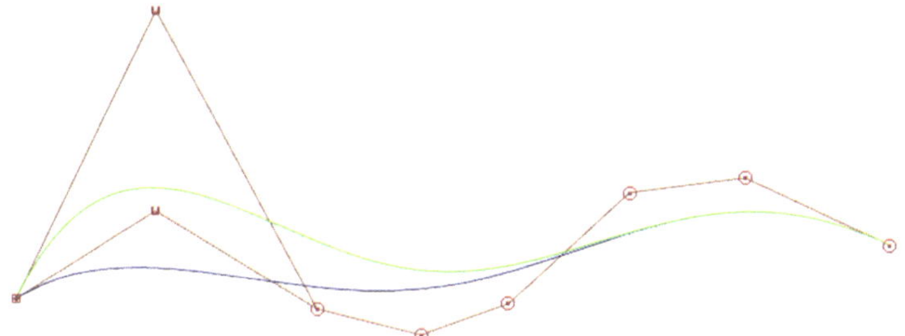

Bild 1-5 Bézierkurve 7.Grades und die Auswirkung der Kontrollpunkte

Sie hat kurvenintern keine Krümmungssprünge und ist mit ihren wenigen Kontrollpunkten leicht zu ändern. Kann eine Form mit einer Bézierkurve nicht ausreichend nachgebaut werden, muss die Kurve aufgeteilt werden, sodass die Form mit zwei Bézierkurven beschrieben wird. Das gilt auch für Flächen.

Bézierkurven und auch Bézierflächen sollten nicht höher als 7. Grades sein. Denn die Kontrolle solcher hochgradigen Kurven und Flächen würde immer schwieriger werden. Zudem kann es bei der Konvertierung in andere CAD-Systeme zu Problemen kommen, da diese evtl. mit hochgradigeren Kurven und Flächen nicht umgehen können.

NURBS-Kurven:

NURBS ist die Abkürzung für Non-Uniform Rational B-Spline. NURBS-Kurven werden, ähnlich wie die Bézierkurven, mit nicht auf der Kurve befindlichen approximierten Kontrollpunkten gesteuert. Sie sind nicht einsegmentig, sondern in Kurvenabschnitte unterteilt. In Siemens NX werden diese Kurvenabschnitte, oder bei Flächen Flächenabschnitte, als Segmente bezeichnet.

Vorteile der NURBS-Kurven sind, dass nahezu jede mögliche Form exakt nachgebaut werden kann. Außerdem hat die Änderung eines Kontrollpunktes einen geringeren Einfluss auf den Rest der Kurve, als dies bei Bézierkurven der Fall ist.

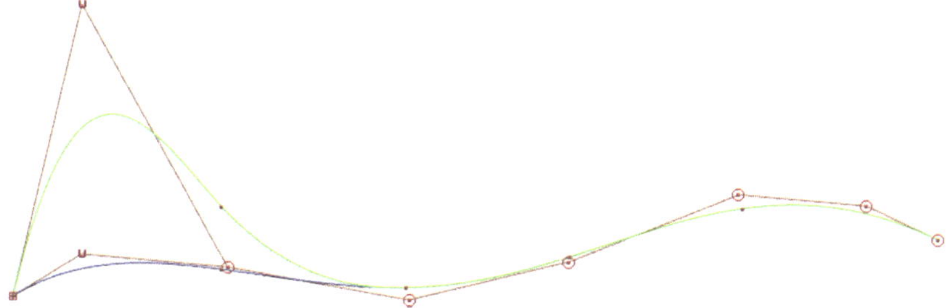

Bild 1-6 NURBS-Kurve 3. Grades mit 5 Segmenten und die Auswirkung auf die Kontrollpunkte

Allerdings kann es durch diese Kurvenabschnitte zu Sprüngen im Krümmungsverlauf kommen, wie in dem unteren Bild zu erkennen ist. Nachträgliche Änderungen sind schwieriger umzusetzen als bei Bézier-basierenden Kurven und Flächen. Aus diesem Grund werden Kurven und Flächen mit „Segmenten" im Class-A Surfacing[1] ungern verwendet.

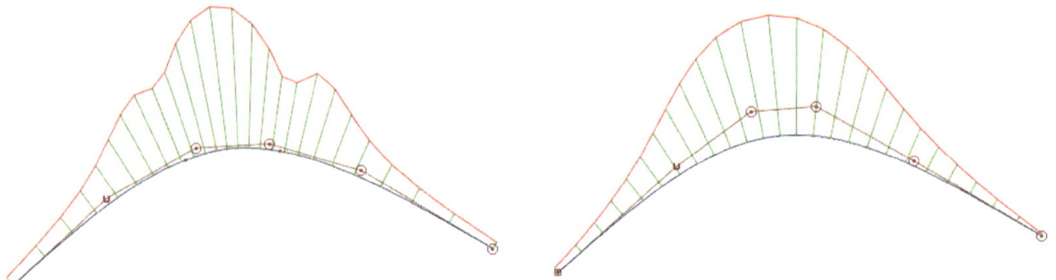

Bild 1-7 NURBS-Kurve 3. Grades mit 5 Segmenten und die Auswirkung auf die Kontrollpunkte

Von der Linie zum Drahtmodell:

Mit mehreren Splines, meist auch in unterschiedlichen Richtungen, kann man die gewünschte Modellform erstellen.

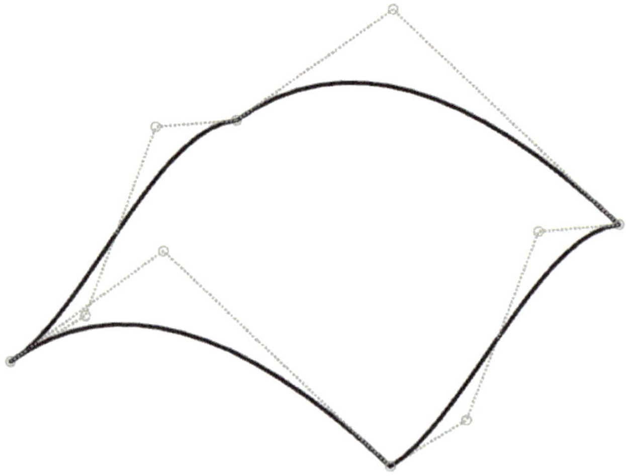

Bild 1-8 Drahtmodell mit Splines

Üblicherweise wird die Fläche auf der Grundlage eines Drahtmodells erstellt. Dafür bietet das CAD-System NX 9.0 unterschiedliche Funktionen wie z. B. Through Curve Mesh oder Studio Surface.

---

[1] Mit Class-A Surfacing bezeichnet man im Design die primären Flächen die vom Kunden direkt wahrgenommen werden. Class-A-Flächen weisen eine sehr hohe Qualität in Bezug auf Toleranzen, Flächensegmente, Flächengrade sowie Flächenübergänge auf.

Aufbau von Flächen:

Um Flächen zu kreieren, wird im Grunde das Kontrollpunktpolygon der Kurve zu einem Kontrollpunktnetz der Fläche erweitert. Flächen besitzen grundsätzlich die gleichen Eigenschaften wie Kurven und lassen sich über ihre Kontrollpunkte und ihre Kontrollpunktpolygone bestimmen und verformen.

Bild 1-9 Fläche mit Polygonnetz

Für die Ausrichtung des Kontrollpunktnetzes verwendet das System die zwei Richtungsparameter U und V.

1.2.2 Grade und Segmente bei den Freiformelementen

Da Oberflächen von vielen Produkten eine sehr anspruchsvolle, ästhetische und sehr komplexe Form besitzen ist es sinnvoll die Oberfläche der Produkte zu segmentieren oder aufzuteilen. Damit wird erreicht, dass das Produkt abgebildet werden kann ohne dass die erstellten Flächen zu komplex werden. Hauptflächen sollten möglichst einsegmentig sein und maximal den 7. Grad nicht übersteigen.

Deshalb versucht man die großen Flächen eines Fahrzeuges wie die Motorhaube, das Dach oder die Tür zu segmentieren. Dies bezeichnet man als Patch-Layout (Segment-Layout).

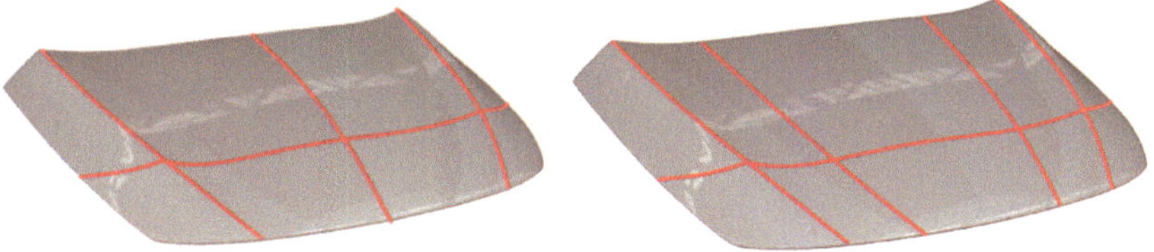

Bild 1-10 Mögliche Aufteilung der Oberfläche einer Motorhaube

Wenn aber z. B. die Haubenfläche aus mehreren Segmenten zusammengeführt wird, müssen die Übergänge von den einzelnen Segmenten zueinander eine Mindestqualität erfüllen. Die Qualität der Übergänge bezeichnet man mit G0, G1, G2 und G3. Das Prinzip der Flächenübergänge ist natürlich auch für die Splines gültig.

Segmente von Freiformelementen:

Zwei Segmente mit jeweils einem Spline 2. Grades

Bild 1-11 Spline mit zwei Segmenten

Zwei Segmente mit jeweils einer Fläche 2. Grades

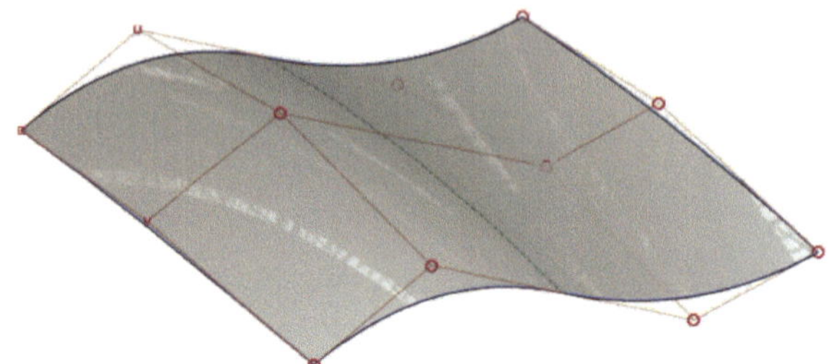

Bild 1-12 Fläche mit zwei Segmenten

Ordnungszahl der Freiformelemente:

Linien　　　　　　　　　　　　　　　Flächen

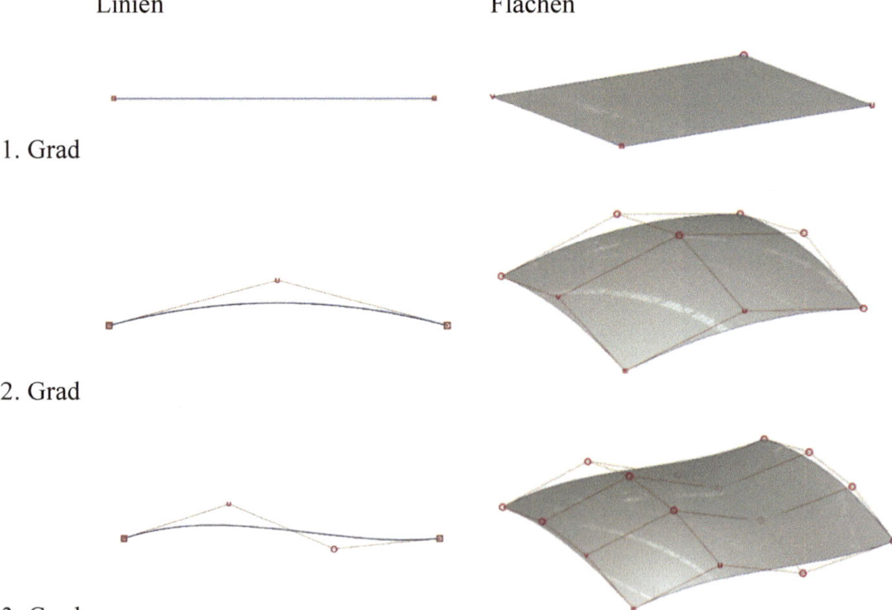

1. Grad

2. Grad

3. Grad

Bild 1-13 Gradzahl von Freiformelementen

Die Ordnungszahl (Grad / Degree) der Kurve oder der Fläche gibt an, welchen Grades diese ist, also durch wie viele Kontrollpunkte sie definiert ist. Bei den Flächen werden immer Ordnungszahlen für zwei Richtungen angegeben. Demnach ist eine 1x1 Fläche eine Fläche mit 1. Grad in U- und V-Richtung.

Ordnungszahl = Anzahl der Kontrollpunkte minus 1

1.2.3 Stetigkeiten von Freiformflächen

Der Übergang von Freiformflächen ist ein genauso wichtiges Thema wie die Qualität von Flächen. Da das Licht auf den z. T. sehr glänzenden und glatten Oberflächen stark reflektiert, versucht man die Übergänge von Flächensegmenten sehr weich und harmonisch zu gestalten. Aber auch die Haptik spielt hierbei eine wichtige Rolle. Die Stetigkeiten werden meist mit G0, G1, G2, und G3 benannt.

Wenn sich zwei Elemente im Raum nicht treffen existiert auch keine Stetigkeit. Die erste Stetigkeit die Elemente haben können ist die Positionsstetigkeit G0.

G0-positionsstetig:

Die Flächenkanten liegen hier lückenlos aufeinander und bilden einen deutlich zu erkennenden Knick. Die Krümmungskämme haben weder die gleiche Ausrichtung noch den gleichen Ausschlag.

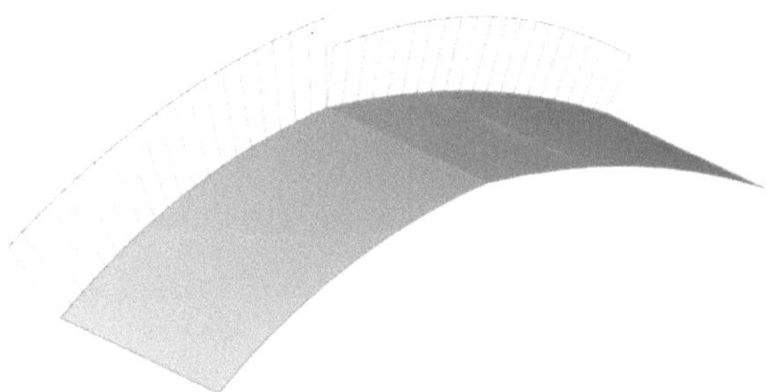

Bild 1-14 G0-Positionsstetiger Flächenübergang

Bei G0-übergängen ergibt sich immer auch ein Sprung in den Reflektionslinien.

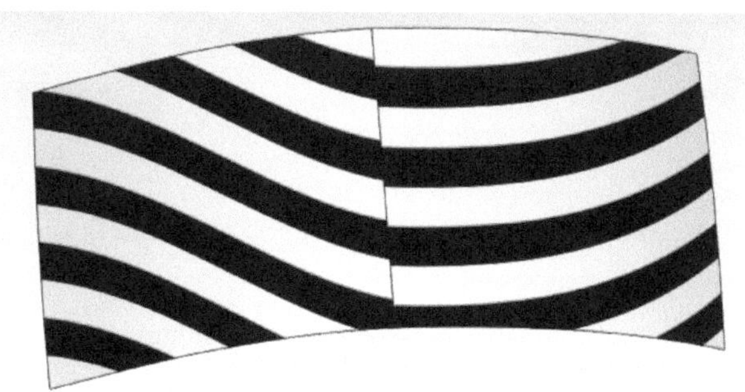

Bild 1-15 G0-positionsstetiger Flächenübergang mit Reflektionslinien

G1–tangentenstetig

Bei G1-Übergängen sind die Tangentenvektoren an der gemeinsamen Kante gleich. Die ersten Kontrollpunktreihen der beiden Flächen liegen tangential auf einer Linie. Dies ergibt einen wesentlich harmonischeren Übergang als bei G0.

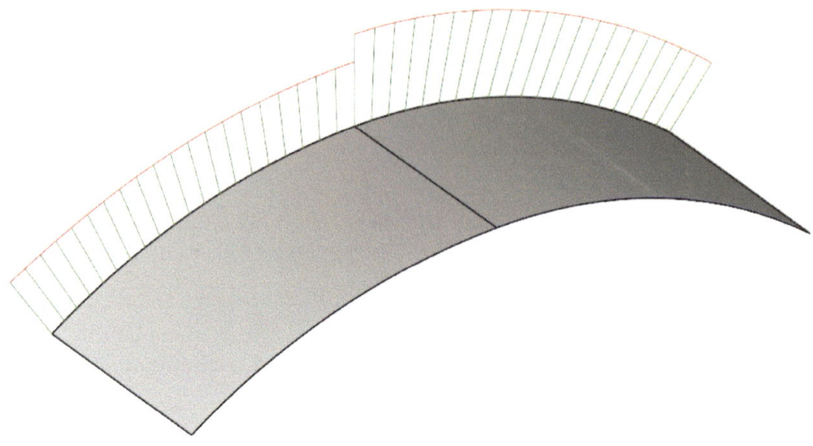

Bild 1-16 G1-tangentenstetiger Flächenübergang

Die Krümmungskämme sind am Flächenübergang gleich ausgerichtet, die Krümmung selbst bleibt aber bei den Flächen verschieden.

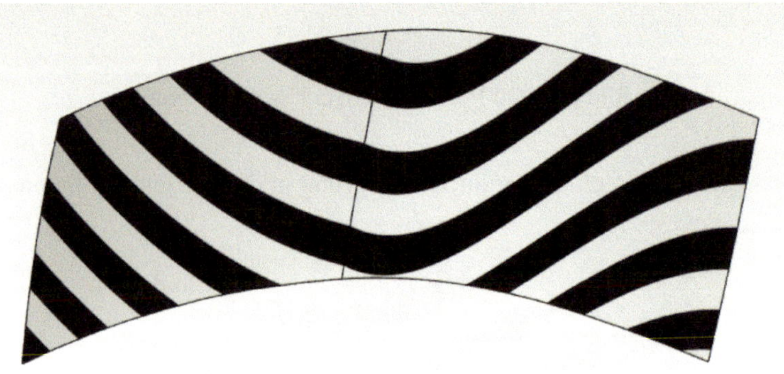

Bild 1-17 G1-tangentenstetiger Flächenübergang mit Reflektionslinien

Die Highlights treffen jetzt am Flächenübergang genau aufeinander. Es ist aber immer noch ein Knick in den Reflektionen zu erkennen.

G2–krümmungsstetig

Die Flächen verlaufen hier nicht nur tangential zueinander, sondern besitzen zudem noch die gleiche Krümmung an der gemeinsamen Flächenkante, zu erkennen an den gleich ausgerichteten Krümmungskämmen mit gleichem Ausschlag. So ergibt sich eine optisch glatte Oberfläche.

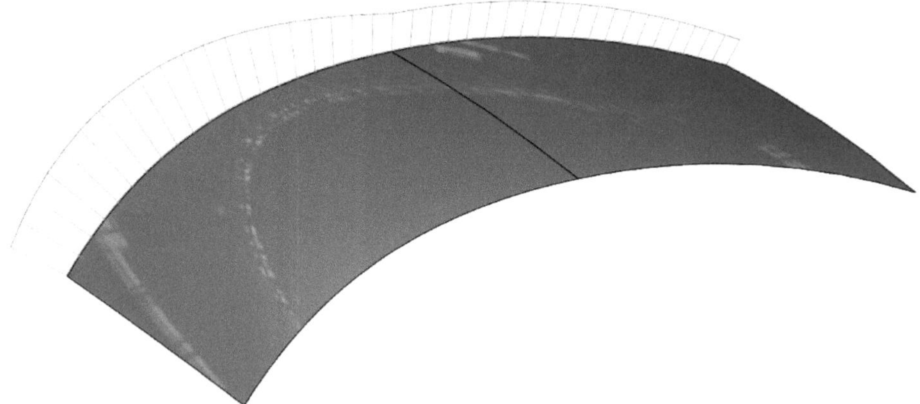

Bild 1-18 G2-krümmungsstetiger Flächenübergang

Die Krümmungskämme beider Flächen sind jetzt gleich hoch. Nur die Krümmungsänderung ist verschieden, welches am Knick in den Kämmen zu erkennen ist.

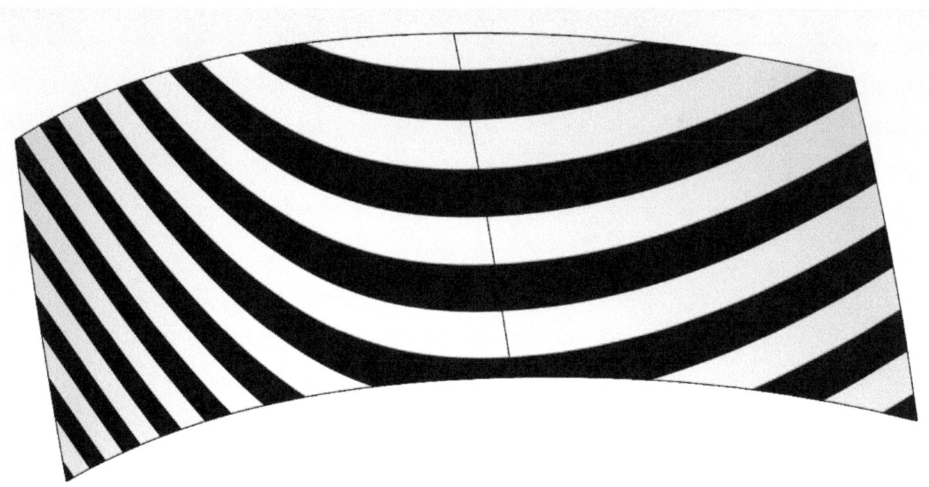

Bild 1-19 G2-krümmungsstetiger Flächenübergang mit Reflektionslinien

Bei G2-Übergängen sind die Highlights sehr harmonisch und es gibt keinen Knick am Übergang der Flächen.

G3–krümmungsänderungsstetig

Eine Steigerung des Flächenübergangs G2 ist der Flächenübergang G3. Hier ist nicht nur die Krümmung am Übergang gleich, sondern auch die Rate mit der sich die Krümmung zur Flächenkante ändert.

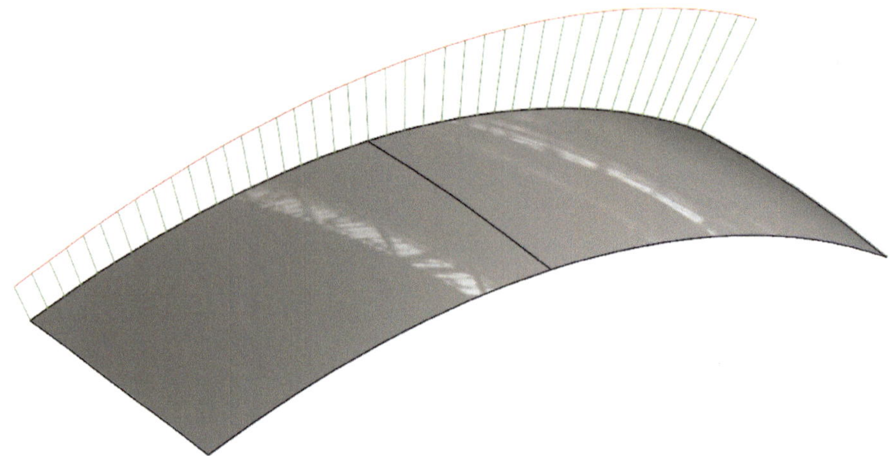

Bild 1-20 G3-krümmungsänderungsstetiger Flächenübergang

Wie in **Bild 1-20** zu sehen, sind jetzt auch die Krümmungskämme stetig und ohne Knick. G3-Übergänge sind gefordert, wenn sichtbare Design-Flächen in Class-A-Qualität gebaut werden sollen.

2 Produktmodellierung mit NX 9 – Autofelge

In diesem Kapitel erfahren Sie Einiges über die Freiformflächenmodellierung mit NX 9. Anhand einer Anleitung zur Erzeugung einer Felge werden Ihnen Grundlagen der Freiformflächenmodellierung vermittelt und gleichzeitig die Möglichkeit der direkten Umsetzung geboten. Auf Letzteres wurde bei der Erstellung dieser Anleitung besonderes viel Wert gelegt.

2.1 Arbeitsvorbereitung

Um ein effizienteres Arbeiten mit NX 9 gewährleisten zu können, müssen vor Beginn der Modellierung einige Einstellungen vorgenommen werden. Dazu wird zunächst das Programm Siemens NX 9 gestartet.

2.1.1 Rollendefinition

Um die gewünschten Funktionen von NX 9 benutzen zu können, wird unter dem Reiter **ROLES** die Rollendefinition **ADVANCED** ausgewählt.

Über die Schaltfläche **OPEN [STRG+O]** soll zunächst die vorgegebene Vorlage der Felge **FELGENVORLAGE.PRT** geladen werden. Diese Vorlage dient als Referenz und wird in diesem Beispiel als PART-Datei für die Erzeugung der Felge bereitgestellt.

Nach erfolgreicher Rollendefinition und Auswahl der Vorlage sollte die Menüleiste folgendermaßen aussehen:

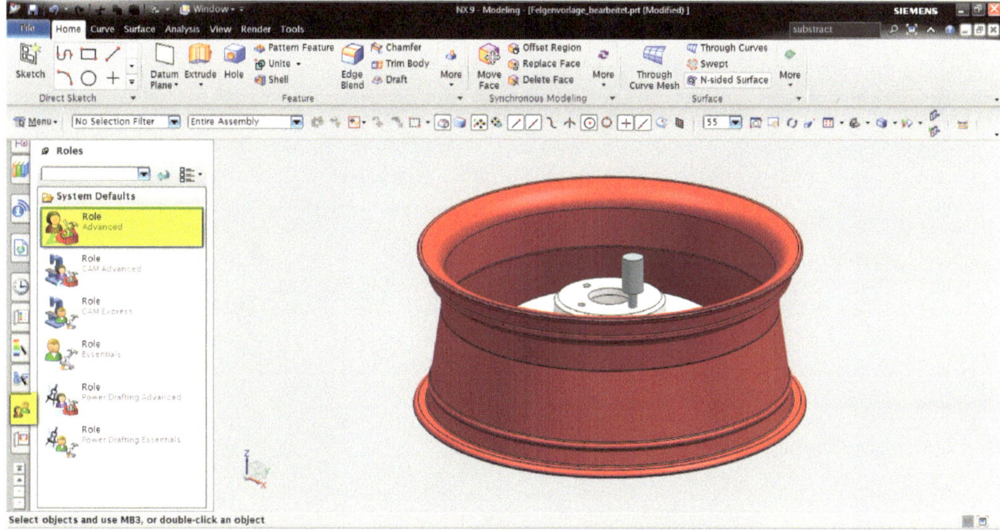

Bild 2-1 Startfenster mit korrekter Rollendefinition

2.1.2 Toleranzen einstellen

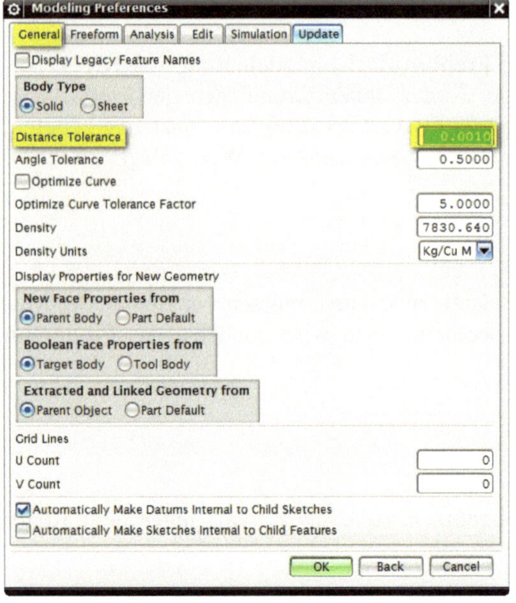

Bevor mit dem Modellieren begonnen werden kann, müssen noch die Toleranzen eingestellt werden. Diese sind unter **[MENU > PREFERENCES > MODELING]** zu finden. Die **DISTANCE TOLERANCE** wird mit dem Wert **0.001** definiert.

Bild 2-2 Toleranzeinstellungen

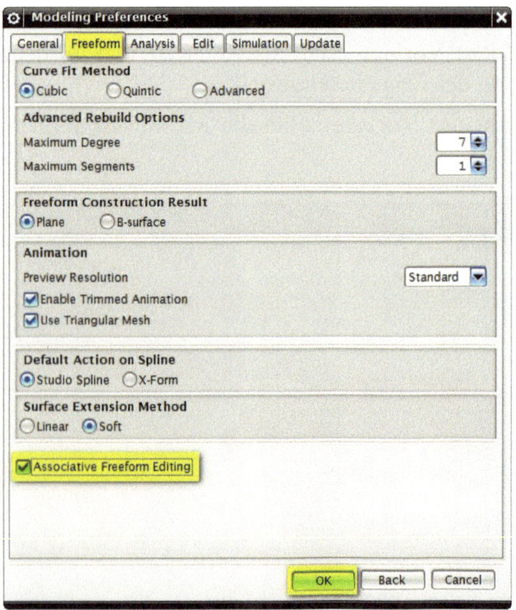

Des Weiteren sollte überprüft werden, ob unter dem Reiter **FREEFORM** der Haken bei **ASSOCIATIVE FREEFORM EDITING** gesetzt ist. Falls dies nicht der Fall ist, korrigieren Sie bitte die Auswahl und bestätigen mit **OK**.

Bild 2-3 Toleranzeinstellungen–2

2.1.3 Fadenkreuz

Eine sehr hilfreiche Funktion im Modellieren mit NX ist das ‚Crosshair' (Fadenkreuz). Aktivieren kann man es unter **[FILE > ALL PREFERENCES > SELECTION]** oder über die Tastenkombination **[STRG+SHIFT+T]**. Es öffnet sich das Fenster **SELECTION PREFERENCES** in dem man im Untermenü **CURSOR** den Haken bei **SHOW CROSSHAIRS** setzt.

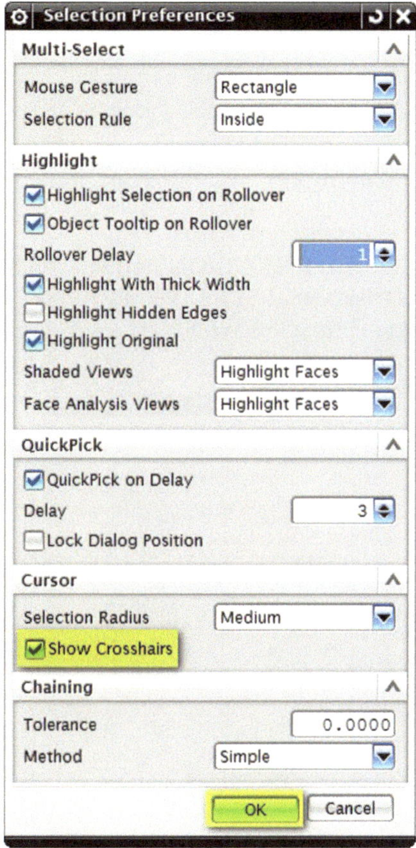

Bild 2-4 Fadenkreuz einstellen

Die Eingaben werden mit **OK** bestätigt.

Was die Arbeitsvorbereitung betrifft, hat jeder Anwender individuelle Vorlieben. Je nach Bedarf, kann die Werkzeugleiste im weiteren Verlauf dieser Anleitung nach individuellen Vorlieben ergänzt bzw. verändert werden. Die hier beschriebene Einstellung stellt lediglich eine Möglichkeit dar.

2.2   Modellieren der Felge

2.2.1 Definieren des Arbeitsbereiches

Um den Arbeitsbereich zu definieren, wird die zuvor geladene Felgenvorlage verwendet. Diese wird im Halbschnitt entlang der XZ-Ebene geschnitten. Dazu wird in der Menüleiste unter dem Reiter **VIEW** die Funktion **CLIP SECTION [STRG+H]** gewählt.

Bild 2-5 Erzeugen des Halbschnitts

Als nächstes wird die Funktion **EDIT SECTION** gewählt. Es öffnet sich das Fenster **VIEW SECTION**. Im Untermenü ‚**Offset**‘ wird **SPECIFY TRANSFORM** gewählt. Diese Funktion ermöglicht die beliebige Positionierung des WCS.

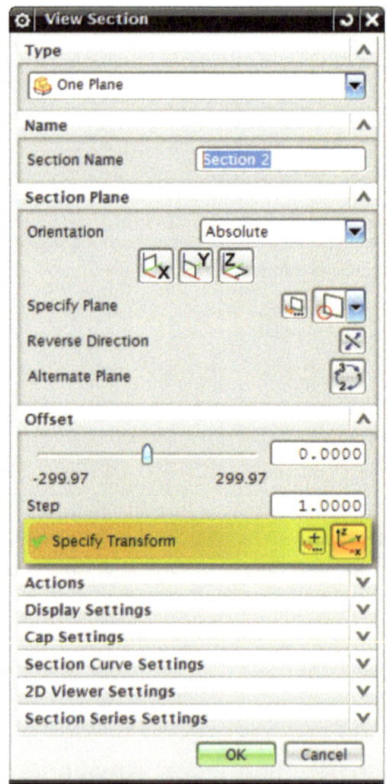

Bild 2-6 Positionierung des WCS-Menü

Das WCS soll folgendermaßen platziert werden: **[X = 0; Y = 0; Z = 80]**

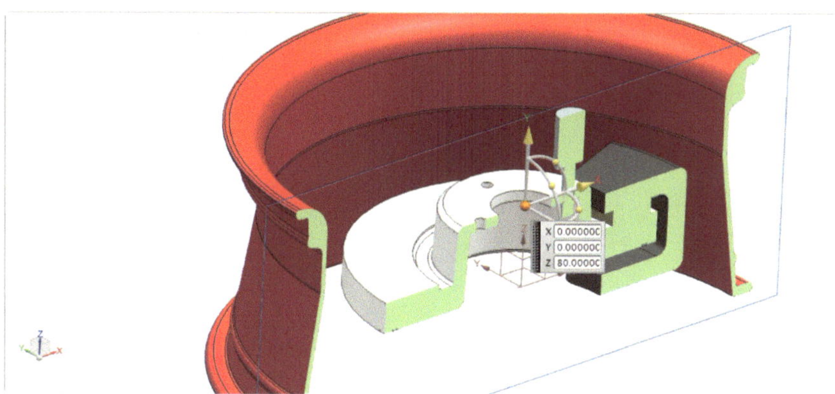

Bild 2-7 Positionierung des WCS

Im nächsten Schritt wird im Untermenü **SECTION CURVE SETTINGS** der Haken bei **SHOW SECTION CURVES PREVIEW** gesetzt. Diese Funktion ermöglicht das Anzeigen der Schnittkanten des Halbschnittes. Um nun die Schnittkanten sichtbar zu machen, muss noch eine Farbeinstellung vorgenommen werden. Dazu wird im gleichen Untermenü unter **COLOR OPTION** die Auswahl **SPECIFY COLOR** ausgewählt. Nun ist es möglich eine Farbwahl zu treffen. Dazu wählt man einfach die gewünschte Farbe aus und klickt auf den Button **SAVE COPY OF SECTION CURVES.**

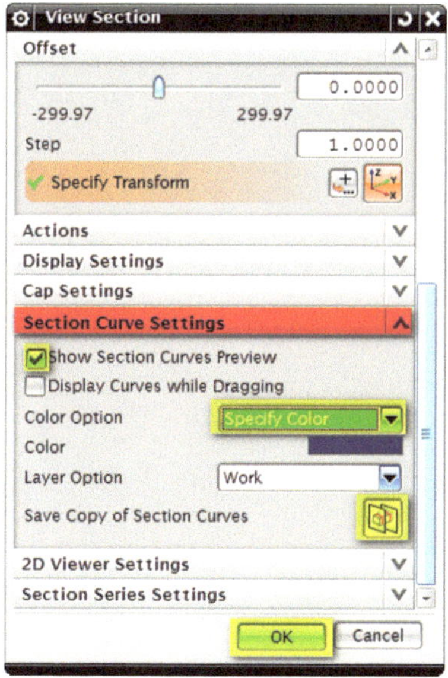

Bild 2-8 Darstellung der Schnittkanten

Die Auswahl wird mit **OK** bestätigt.

Nun sollte der physikalische Schnitt mit den farblich hervorgehobenen Schnittkanten folgendermaßen aussehen:

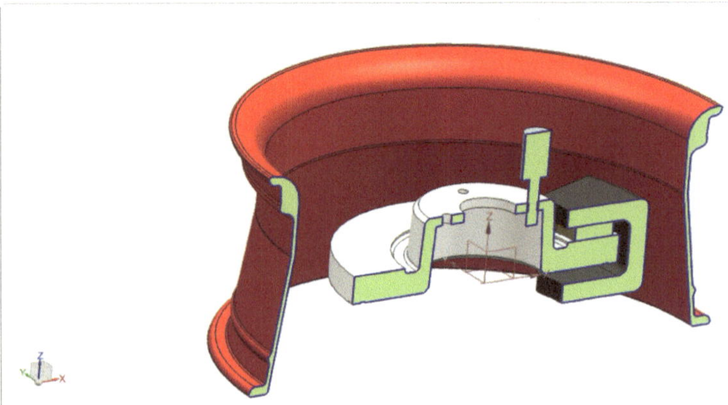

Bild 2-9 Farblich hervorgehobener physikalischer Schnitt

Die dargestellten Schnittkanten dienen im weiteren Verlauf der Modellierung als Umgebungs-
information.

2.2.2 Studio Spline

In diesem Abschnitt der Modellierung werden Studio Splines erstellt, die eine wichtige Rolle für das spätere Design der Felge spielen. In diesem Beispiel wird eine gewöhnliche Felge erzeugt, die natürlich je nach Anwender und dessen Vorlieben in der Modellierung variieren kann.

Um einen Spline zu erzeugen, wählt man in der Menüleiste den Reiter **CURVE** und dort das Feature **STUDIO SPLINE [MENU > INSERT > CURVE > STUDIO SPLINE].**

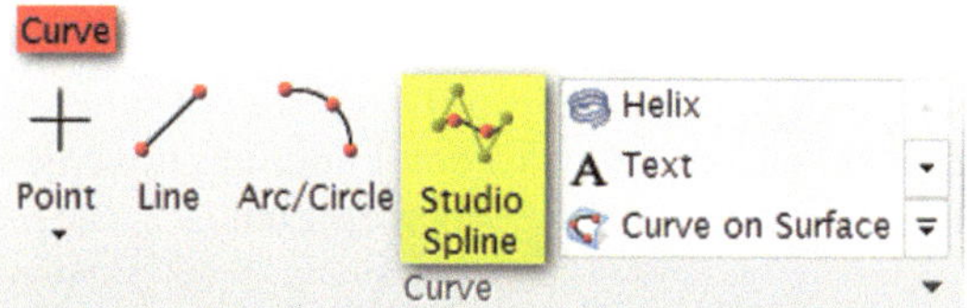

Bild 2-10 Auswahl Studio Spline

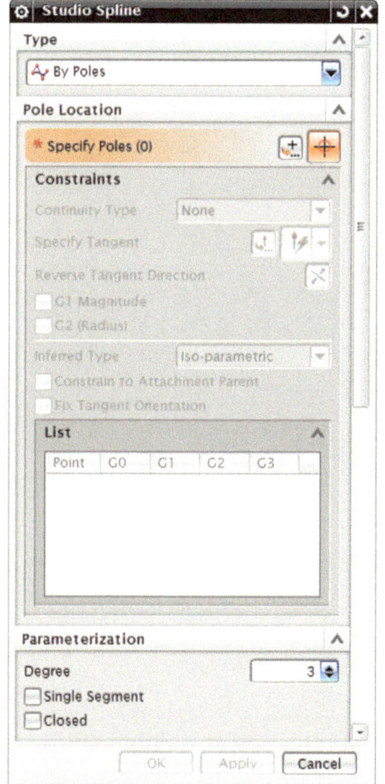

Bild 2-11 Studio Spline

Es öffnet sich folgendes Fenster:

Bevor mit dem Erzeugen des Splines begonnen werden kann, müssen einige Voreinstellungen getroffen werden. Im Untermenü **TYPE** soll nun **BY POLES** ausgewählt werden. Das hat den Vorteil, dass der Spline von Polpunkten abhängig gemacht wird. Im Untermenü **PARAMETERIZATION** wird der Wert **DEGREE** mit **3** festgelegt. Im Untermenü **DRAWING PLANE** wird die XZ-Ebene ausgewählt, da es andernfalls zu Tiefenverschiebungen der gesetzten Polpunkte kommen kann. Als letztes wird im Untermenü **MOVEMENT** die Auswahl auf **WCS** gesetzt und die im **Bild 2-12** gezeigte Ebene ausgewählt.

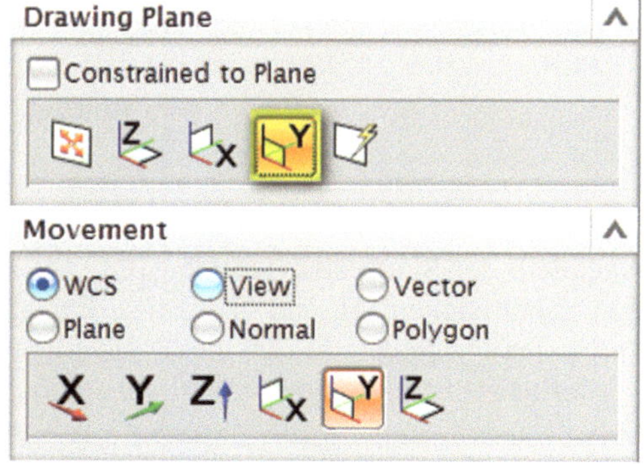

Bild 2-12 Ebenen auswählen

Bevor der erste Polpunkt des Splines gesetzt wird, sollte überprüft werden, ob die Funktion **ENABLE SNAP POINT** angewählt ist. Denn ist diese Funktion nicht aktiv, werden keine auswählbaren Punkte angezeigt. Aktivieren Sie diese Funktion.

Bild 2-13 Enable Snap Point

Der Startpunkt des Splines soll in diesem Beispiel, wie in der unteren Abbildung zu sehen ist, im rechten Teil des Arbeitsbereiches sein. Um den Punkt auszuwählen, zoomen Sie die Anzeige an diese Stelle und selektieren Sie den angebotenen Punkt.

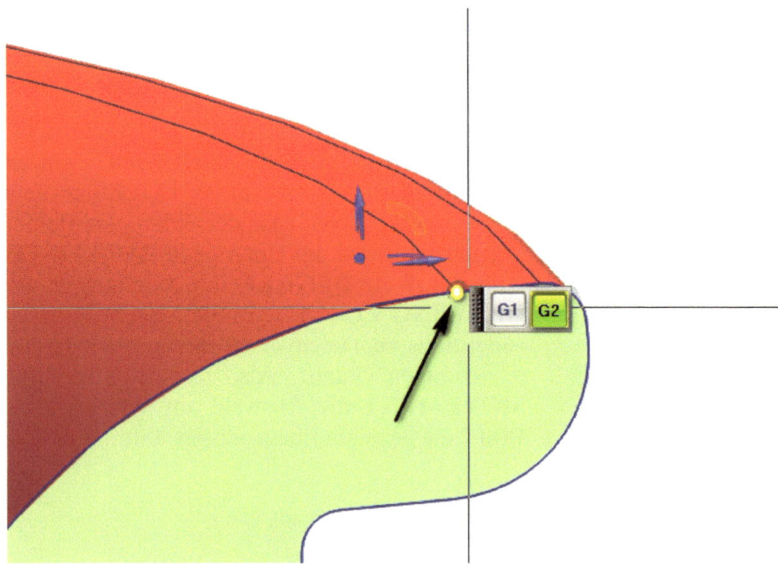

Bild 2-14 Erster Polpunkt

Nachdem der Startpunkt gesetzt wurde, öffnet sich ein kleines Fenster neben dem Cursor mit den Schaltflächen G1 und G2. Diese Funktion entzieht den folgenden zwei Polpunkten ihren vertikalen Freiheitsgrad, das heißt die folgenden zwei Polpunkte können nur in Richtung des vordefinierten Vektors horizontal verschoben werden. Es soll, wie im **Bild 2-14** gezeigt ist, die Schaltfläche **G2** angewählt werden.

Anschließend werden die folgenden drei Polpunkte nacheinander mit einer leichten Krümmung wie in **Bild 2-15** gesetzt:

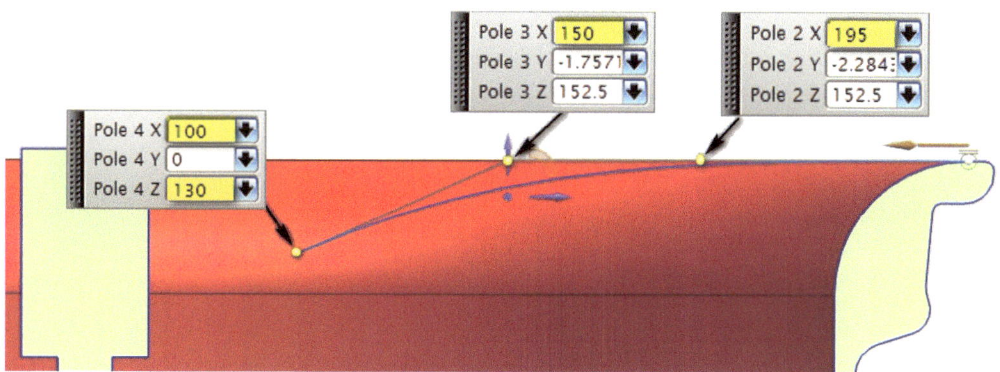

Bild 2-15 Festlegen der Polpunkte

Es folgt die Erzeugung des zweiten Splines, der die gleichen Einstellungen wie der erste Spline besitzen soll und an dessen Ende beginnen soll. **Bild 2-16** zeigt die ungefähre Anordnung der Polpunkte des zweiten Splines. Diese müssen nicht exakt gesetzt werden, jedoch sollte die Krümmung „harmonisch" verlaufen und keine abrupte Änderung der Steigung aufweisen.

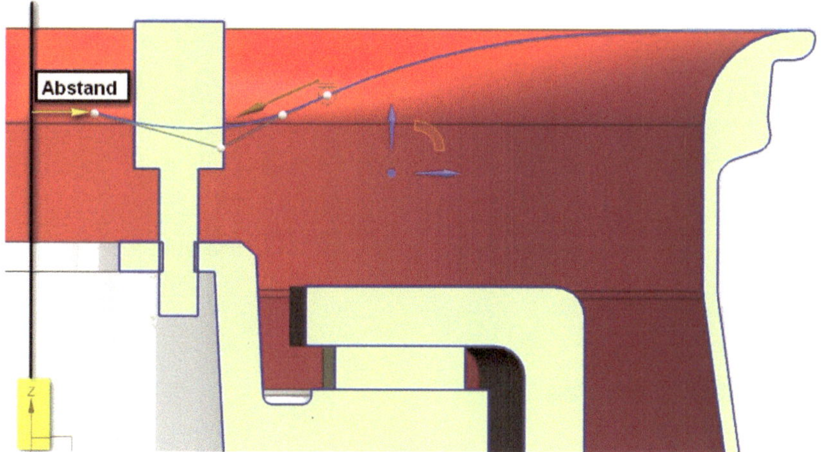

Bild 2-16 Zweiter Spline

Bei der Erzeugung des zweiten Splines ist besondere Vorsicht geboten. Wie man im **Bild 2-16** sehen kann, endet der Spline kurz vor der Z-Achse. Das ist sehr wichtig, da sich dort später das Felgenloch befinden soll. Hat man den zweiten Spline erzeugt, wird das Fenster mit **OK** bestätigt und geschlossen.

Im nächsten Schritt soll nur noch der Spline sichtbar sein. Dazu werden alle anderen Elemente mit Hilfe der Funktion **HIDE [VIEW > HIDE]** ausgeblendet.

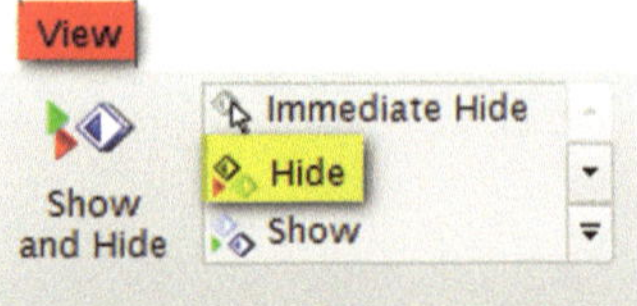

Bild 2-17 Hide-Funktion

Es öffnet sich das Fenster **CLASS SELECTION** das die Auswahl der auszublendenden Elemente fordert. Hier sollen zunächst die eben erzeugten Splines angewählt werden und dann durch die **INVERT SELECTION** Funktion die Auswahl umgekehrt werden. Dies spart Zeit und ist zudem einfacher.

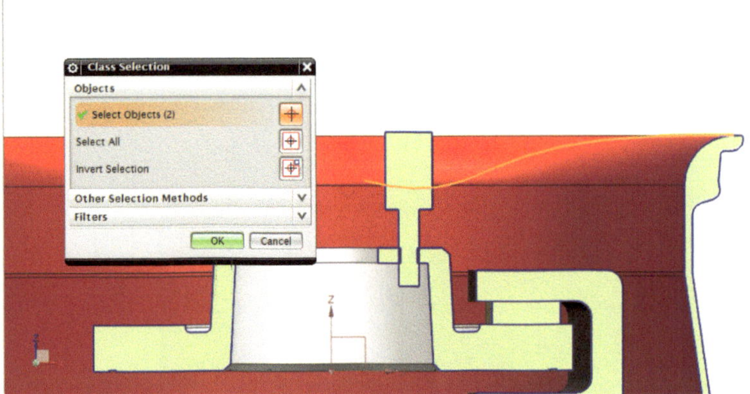

Bild 2-18 Invert-Selection–1

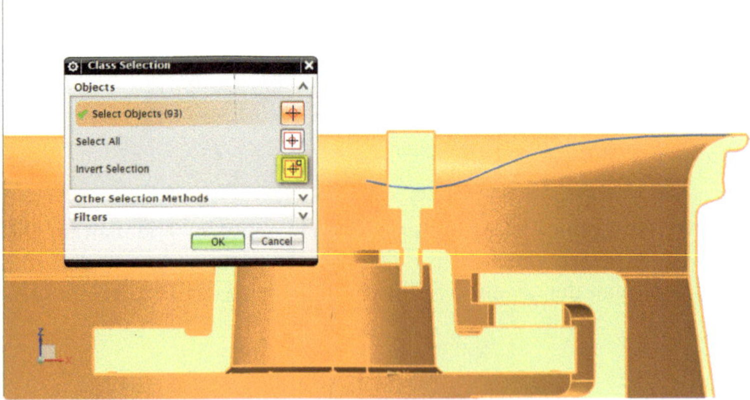

Bild 2-19 Invert-Selection–2

Die Auswahl wird mit **OK** bestätigt.

Jetzt ist nur noch der erzeugte Spline sichtbar. Das Koordinatensystem (DCS) kann wieder im Part Navigator durch **RECHTE MAUSTASTE > SHOW** sichtbar gemacht werden. Wenn alles korrekt durchgeführt wurde, sollte es ungefähr folgendermaßen aussehen:

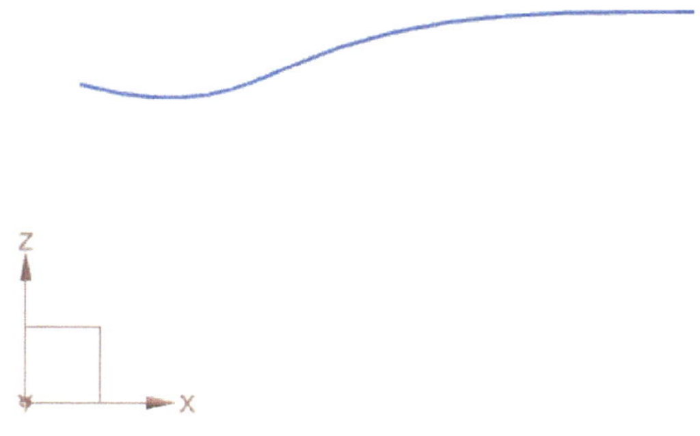

Bild 2-20 Erzeugter Spline

2.2.3 Revolve – Rotationskörper erzeugen

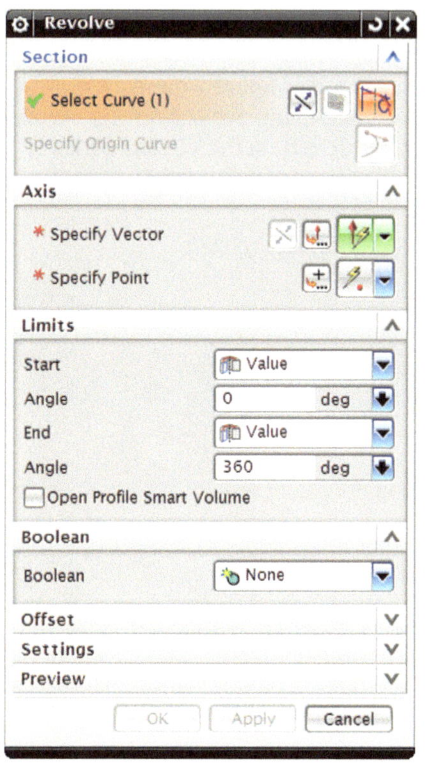

Stellen Sie sicher, dass die Funktion **CLIP SECTION [MENU > VIEW > SECTION > CLIP SECTION]** nicht mehr aktiviert ist, da anderenfalls nur die Hälfte des fertigen Rotationskörpers angezeigt wird.

Mit der Funktion **REVOLVE [MENU > INSERT > DESIGN FEATURE > REVOLVE]** erzeugen wir nun aus dem Spline einen Rotationskörper.

Um beide Kurventeile des Splines auszuwählen, markieren Sie zunächst einen Teil des Splines mit der linken Maustaste und wählen anschließend wie im **Bild 2-22** zu sehen ist, per Rechtklick den markierten Bereich **TANGENT CURVES.**

Bild 2-21 Revolve-Funktion

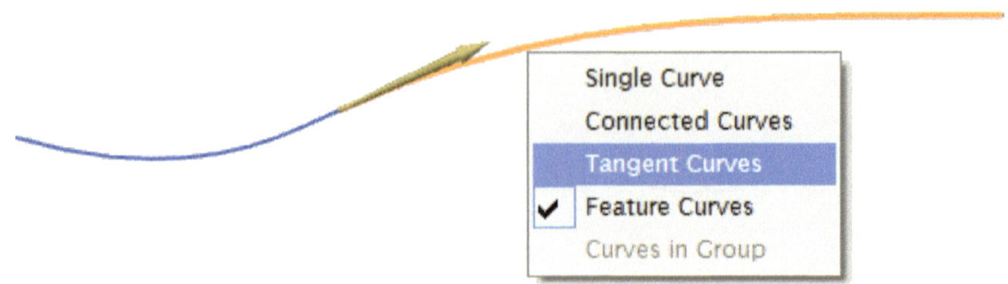

Bild 2-22 Spline-Auswahl

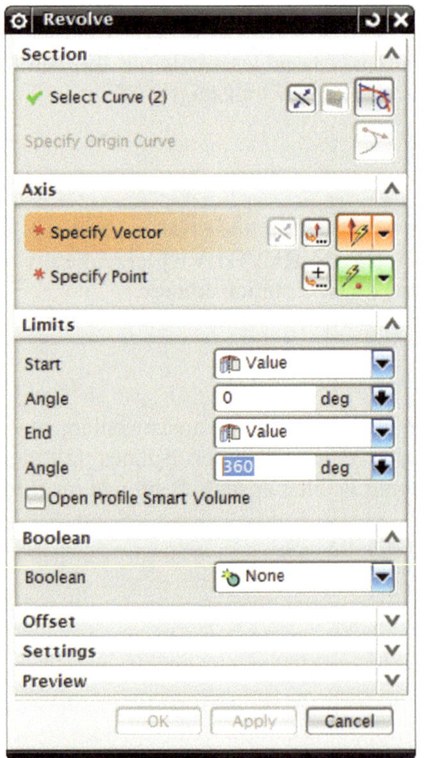

Nachdem beide Kurven des Splines markiert wurden, bestimmen wir die Achse, um welche rotiert werden soll. Klicken sie unter dem Reiter **AXIS** auf **SPECIFY VECTOR** und wählen Sie anschließend die

Z-ACHSE im Hilfskoordinatensystem.

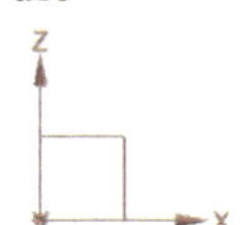

Bild 2-23 Achse wählen

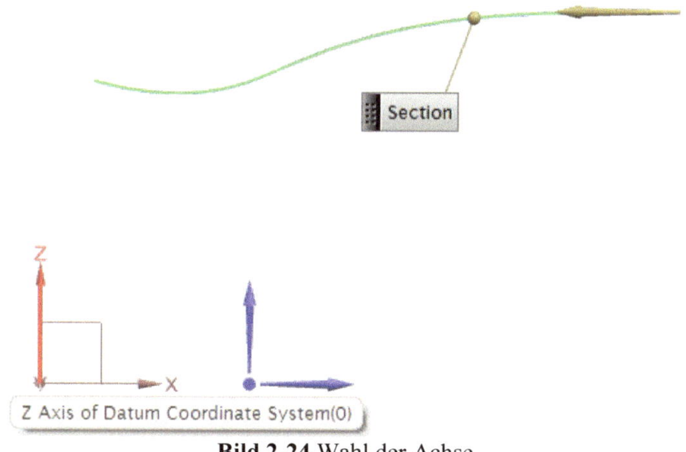

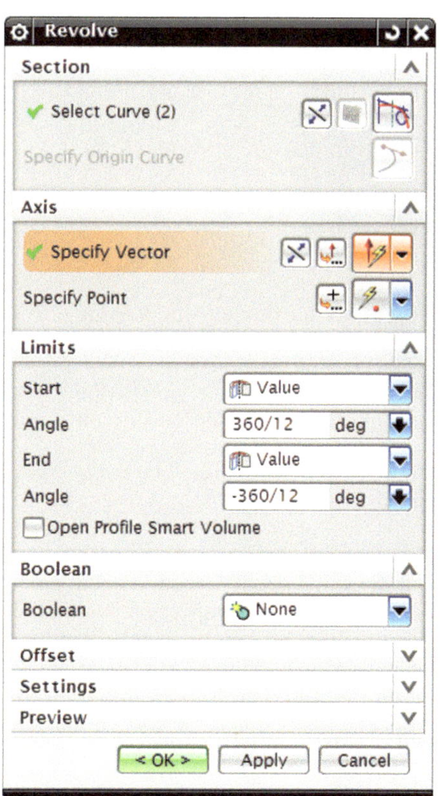

Bild 2-24 Wahl der Achse

Der Vorteil an dieser Auswahlmethode ist, dass die Option **SPECIFY POINT** gleich mit ausgewählt wird.

Jetzt bestimmen wir unter dem Reiter **LIMITS** den Winkel, innerhalb dessen der Rotationskörper erzeugt werden soll. Entnehmen Sie die Werte aus

Bild 2-25 und bestätigen Sie diese mit **OK**.

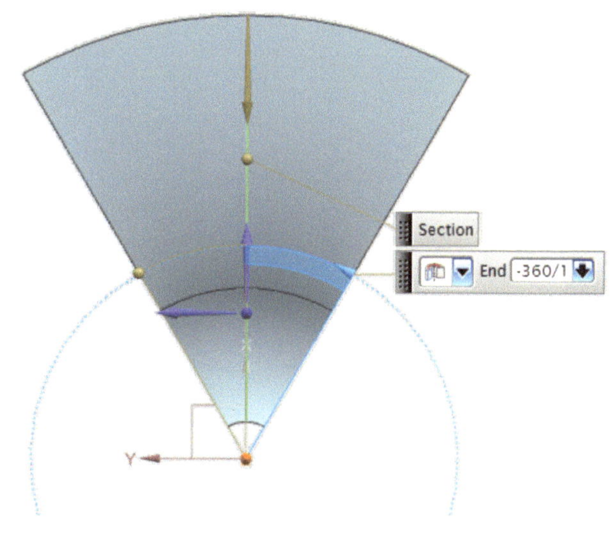

Bild 2-25 Revolve – Eingabe der Limits

2.2.4 Sketch – Erzeugen der Speichenform

Im nächsten Schritt erstellen wir einen weiteren Volumenkörper. Hierzu wählen wir zunächst die Funktion **SKETCH IN TASK ENVIRONMENT [MENU > INSERT > SKETCH IN TASK ENVIRONMENT]** aus.

Nun wählen wir für die Zeile **SELECT PLANAR FACE OR PLANE** wie in **Bild 2-27** zu sehen ist, die **XY-EBENE** aus und bestätigen die Auswahl mit **OK**.

Bild 2-26 Sketch-Funktion

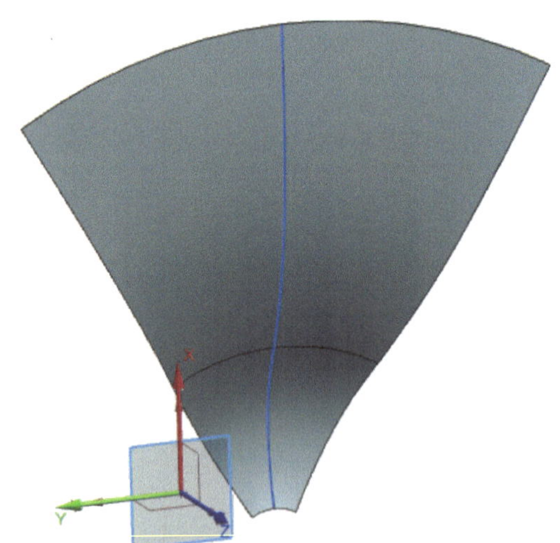

Bild 2-27 Erzeugter Rotationskörper

Damit die Bemaßung erzeugter Linien sichtbar wird, vergewissern Sie sich, dass die Funktion **CONTINUOUS AUTO DIMENSIONING [MENU > TOOLS > SKETCH CONSTRAINTS > CONTINUOUS AUTO DIMENSIONING]** aktiviert ist.

Bringen Sie den Volumenkörper in die unten gezeigte Position (automatische Ausrichtung **F8**). Klicken sie nun auf **LINE [MENU > INSERT > CURVE > LINE]** und ziehen Sie eine Linie, deren Werte Sie aus **Bild 2-28** entnehmen können.

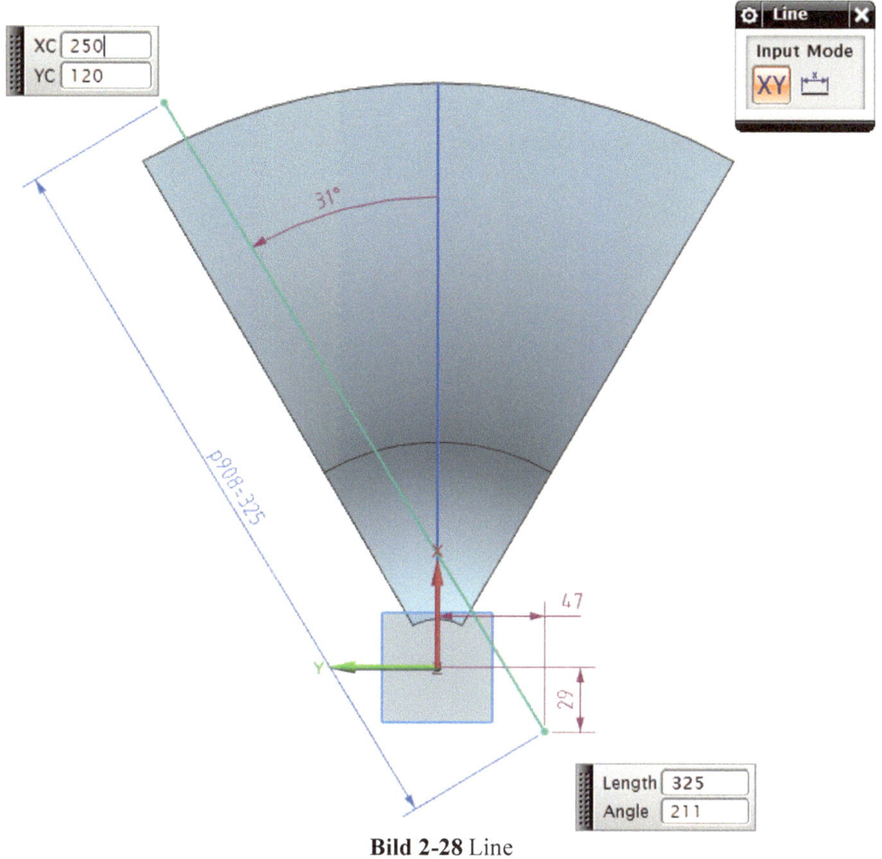

Bild 2-28 Line

2.2.5 Sketch – Mirror Curve

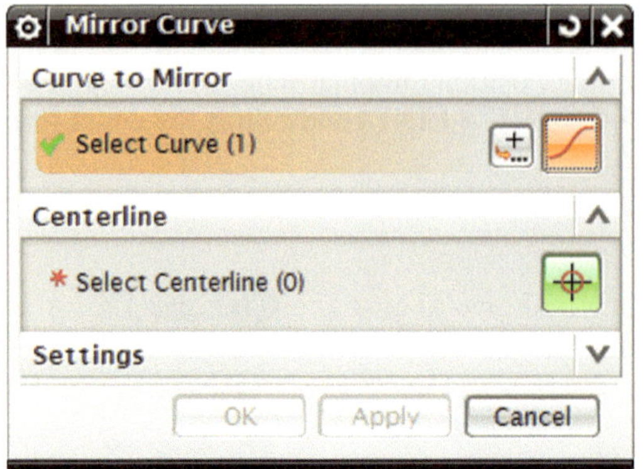

Spiegeln Sie jetzt die erzeugte **LINE** mit der Funktion **MIRROR CURVE [MENU > INSERT > DERIVED CURVE > MIRROR]**. Für die Zeile **SELECT CURVE** ist die **LINE** aus **Bild 2-30** auszuwählen.

Bild 2-29 Mirror Curve

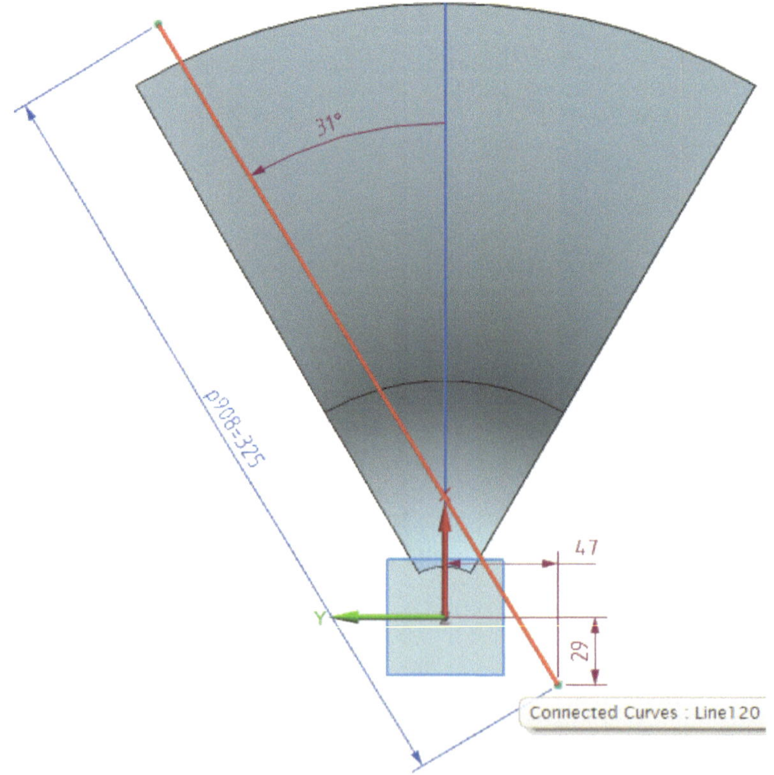

Bild 2-30 Auswahl der zu spiegelnden Linie

Als Centerline, also die Spiegelachse, wählen wir die **XZ-EBENE** wie in **Bild 2-32** dargestellt und bestätigen wieder mit **OK**.

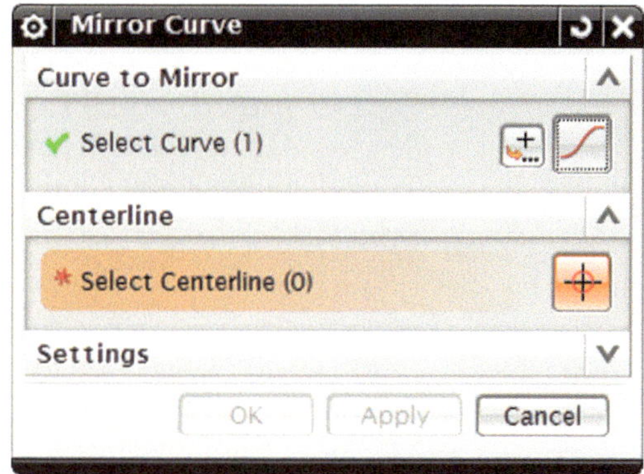

Bild 2-31 Auswahl der Centerline

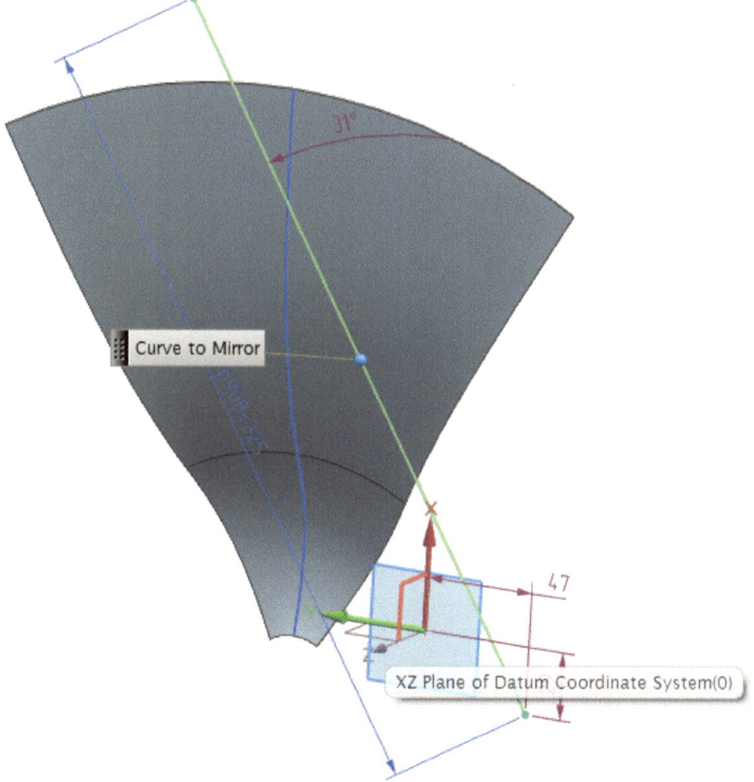

Bild 2-32 Auswahl der Spiegelebene

2.2.6 Sketch – Quick Trim

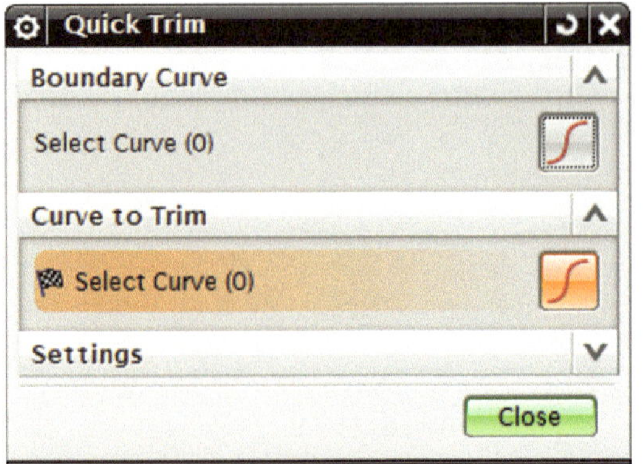

Bild 2-33 Quick–Trim–Funktion

Nun trimmen wir den unteren Bereich der sich kreuzenden Lines wie in **Bild 2-34** zu sehen, mit der Funktion **QUICK TRIM [MENU > EDIT > SKETCH CURVE > QUICK TRIM]** in dem die zu entfernenden Bereiche der Lines angeklickt werden.

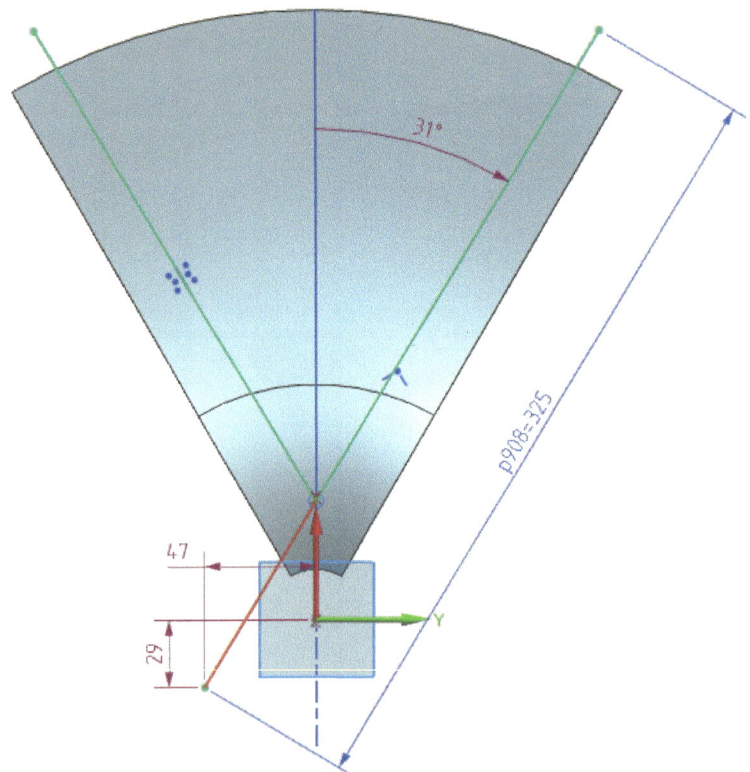

Bild 2-34 Rotationskörper mit Bemaßung

Mit der Funktion **RAPID DIMENSION [MENU > INSERT > SKETCH CONSTRAINT >
DIMENSION > RAPID DIMENSION]** können Sie fehlende Maßpunkte einfügen, um die
Geometrie der Linien der Geometrie aus **Bild 2-35** anzugleichen.

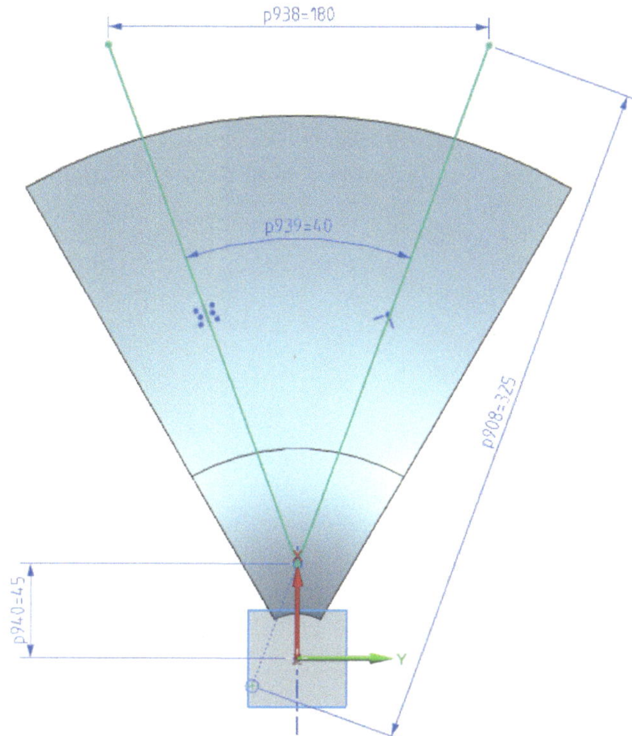

Bild 2-35 Einfügen zusätzlicher Maßpunkte

Beenden Sie den Sketch mit dem Icon **FINISH SKETCH   [MENU > TASK > FINISH
SKETCH].**

Per Rechtsklick auf den Spline kann dieser mit der **Hide**-Funktion unsichtbar gemacht werden, da er im weiteren Verlauf keine Anwendung hat.

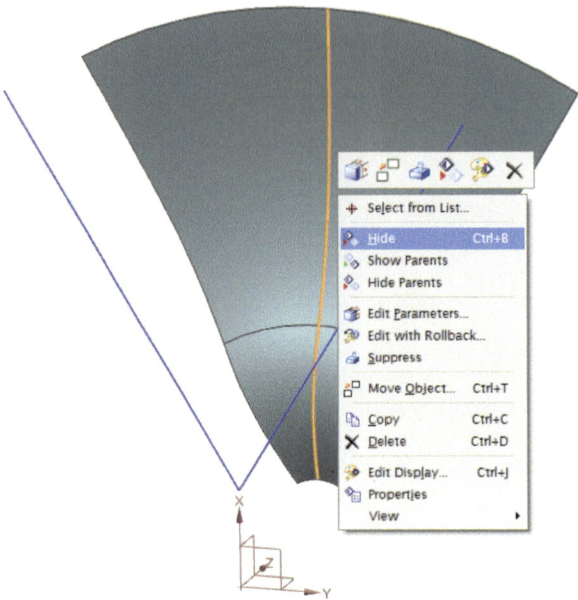

Bild 2-36 Ausblenden des Splines

2.2.7 Extrude

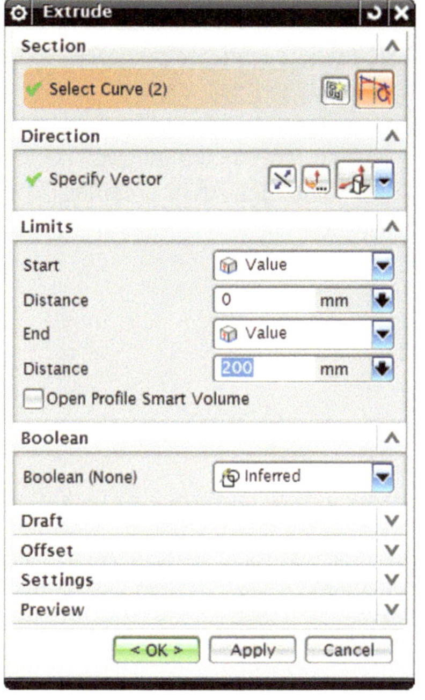

Bild 2-37 Extrude-Funktion

Wählen Sie jetzt die zuvor erstellten Linien aus und klicken anschließend auf Extrude **[MENU > INSERT > DESIGN FEATURE > EXTRUDE].** Der nun entstandene Körper muss so weit extrudiert werden, dass dieser die Grundfläche wie im **Bild 2-38** abgebildet schneidet.

Die dabei entstehenden Schnittstellen ergeben die Schnittmenge.

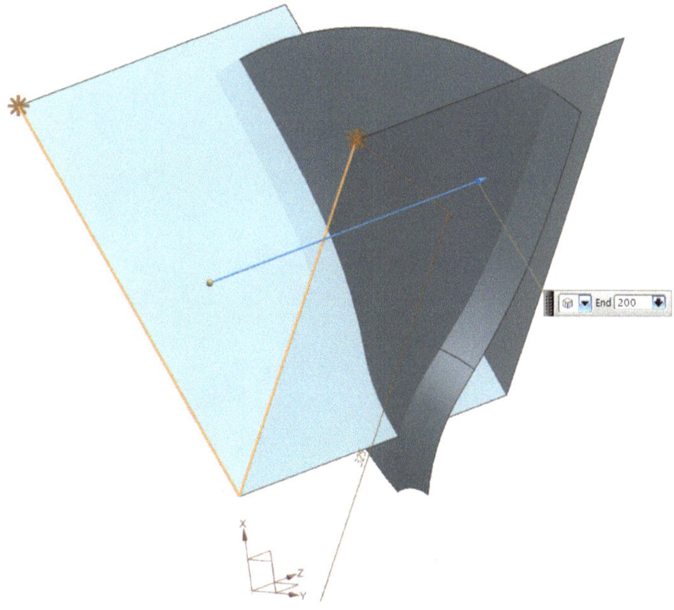

Bild 2-38 Erzeugen einer Schnittmenge

2.2.8 Intersection Curve

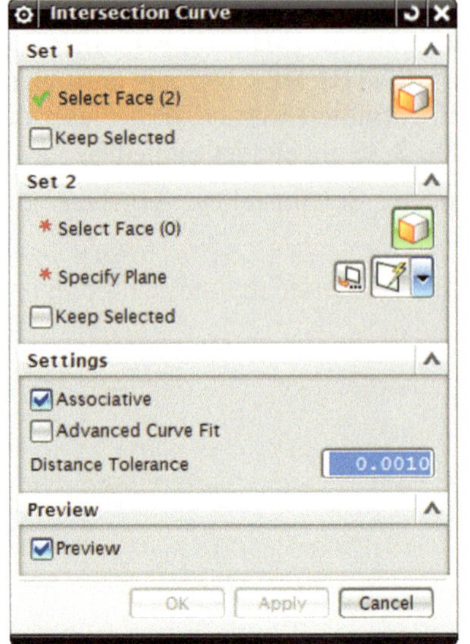

Mit Hilfe der Funktion **INTERSECTION CURVE [MENU > INSERT > DERIVED CURVE > INTERSECT]** erstellen wir die Schnittmenge, also den Bereich, indem sich die beiden Körper schneiden. Hierzu ist unter dem Reiter ‚Select Face' der zuvor erstellte Extrude auszuwählen.

Bild 2-39 Extrude-Funktion

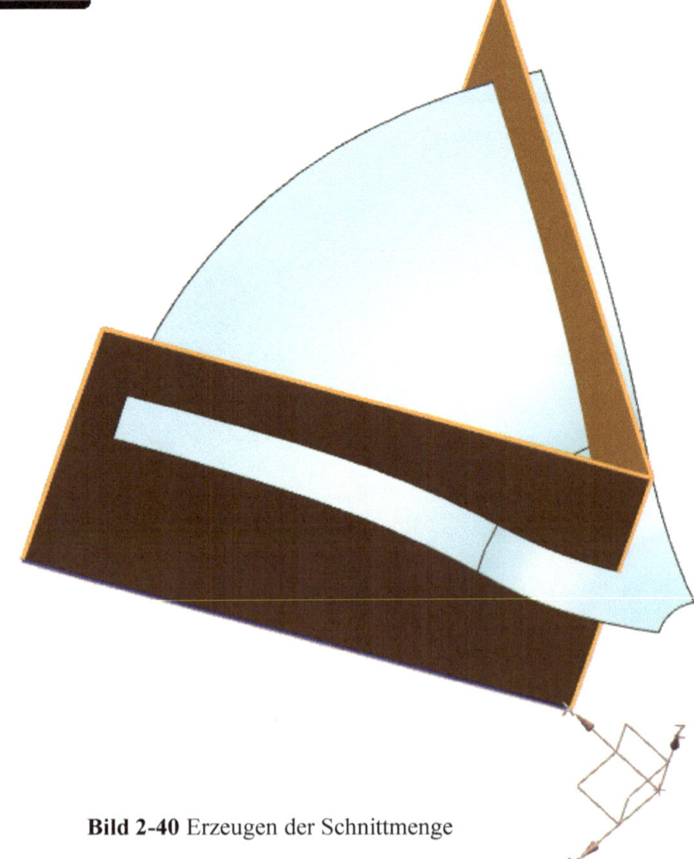

Bild 2-40 Erzeugen der Schnittmenge

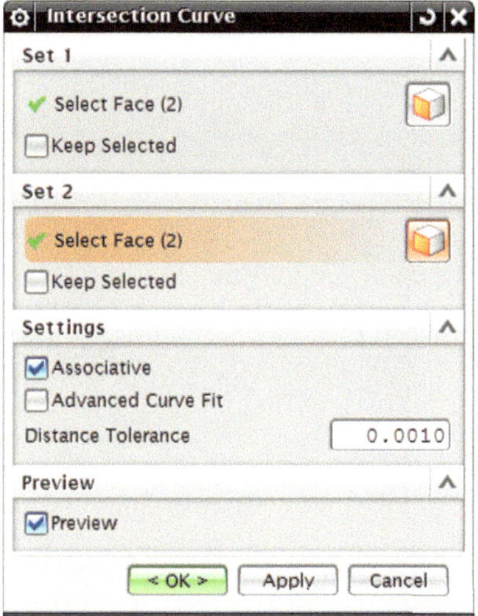

Bild 2-41 Intersection Curve

Nun ist noch unter ‚Select Face' die Grundfläche auszuwählen, welche sich mit dem Extrude schneidet. Achten Sie darauf, die Toleranz unter „Distance Tolerance" dem angegebenen Wert anzugleichen. Bestätigen Sie mit OK.

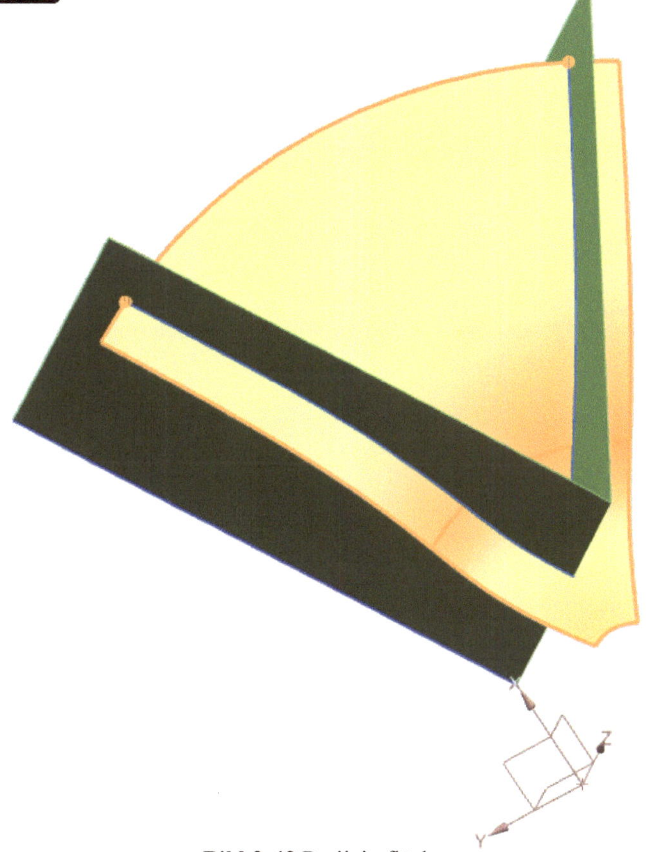

Bild 2-42 Projizierfläche

Markieren Sie die Skizze und wählen Sie per Rechtsklick ‚**Hide**‘, um die Skizze auszublenden.

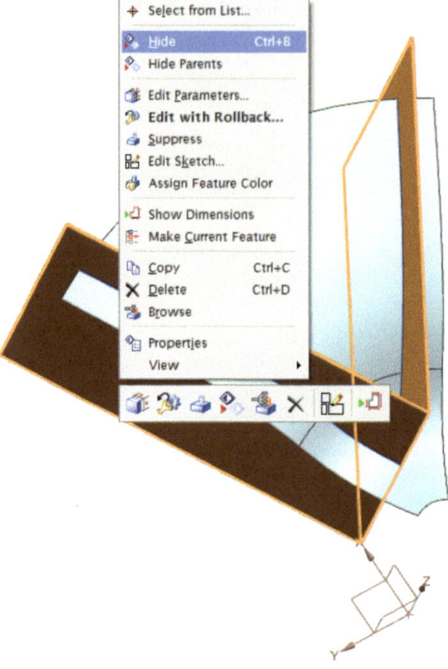

Bild 2-43 Hide

Der Linienzug der Schnittmenge beider Körper sollte nun mit dem Kurvenverlauf der Grundfläche übereinstimmen.

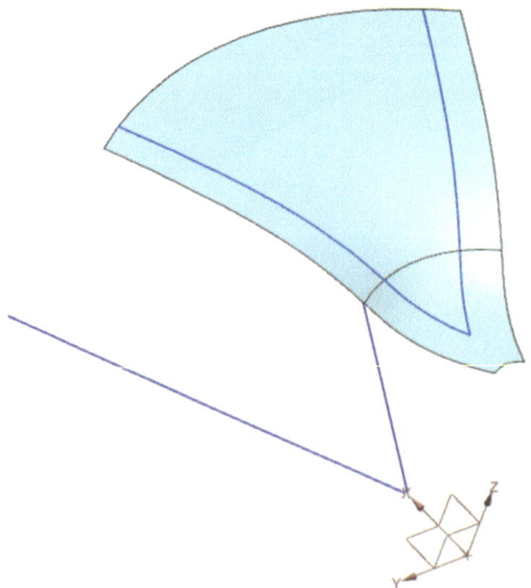

Bild 2-44 Schnittmenge

2.2.9 Law Extension

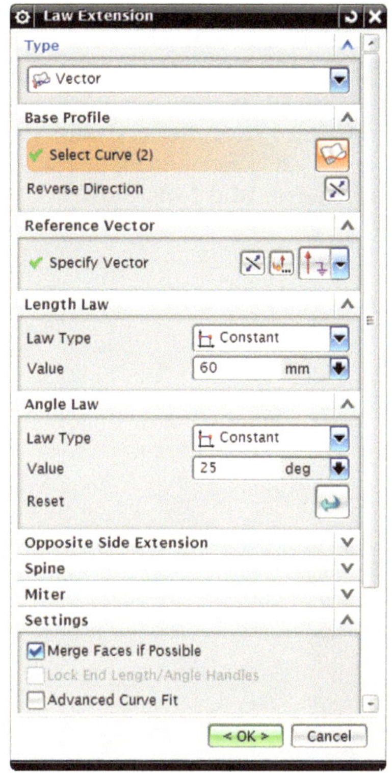

Mit Hilfe der Funktion **LAW EXTENSION [MENU > INSERT > FLANGE SURFACE > LAW EXTENSION]** wird nun aus diesem Linienzug eine Fläche generiert: Bearbeiten Sie zunächst nur einen der beiden Linienzüge mit den gegebenen Werten / Einstellungen und bestätigen Sie danach mit **Apply**.

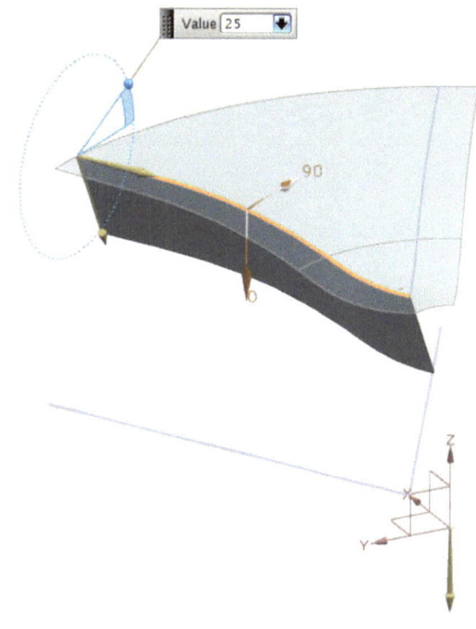

Bild 2-45 Law Extension

Wiederholen Sie anschließend diese Operation mit dem zweiten Linienzug. Beachten Sie dabei, dass das Vorzeichen des Winkels von 25 Grad auf -25 Grad zu ändern ist.

Für den nächsten Arbeitsschritt ist es vorteilhaft die Grundfläche mittels ‚**HIDE**' auszublenden.

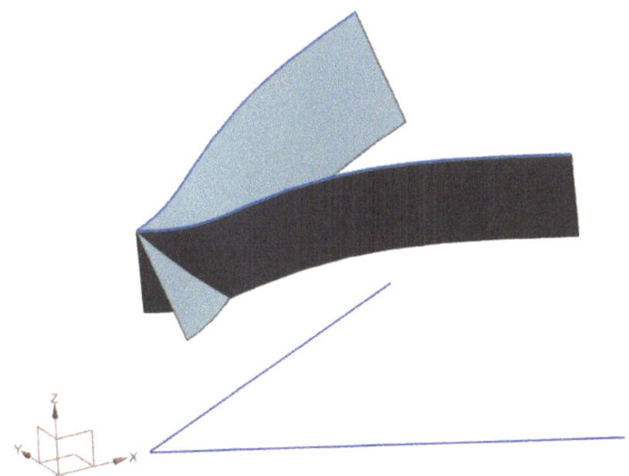

Bild 2-46 Ausblenden der Grundfläche

2.2.10 Aesthetic Face Blend – Verrunden der Speichen

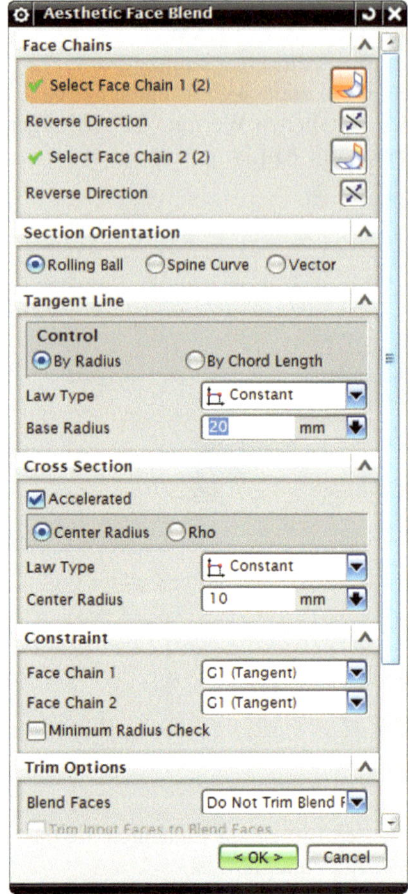

Bild 2-47 Aesthetic Face Blend

Jetzt verrunden wir die Schnittstelle der beiden Flächen mit der Funktion **AESTHETIC FACE BLEND [MENU > INSERT > DETAIL FEATURE > AESTHETIC FACE BLEND]**. Wählen Sie hierzu für den Reiter ‚Select Face Chain 1‘ und ‚Select Face Chain 2‘ jeweils eine der Flächen aus. Entnehmen sie alle weiteren Einstellungen dem **Bild 2-48.**

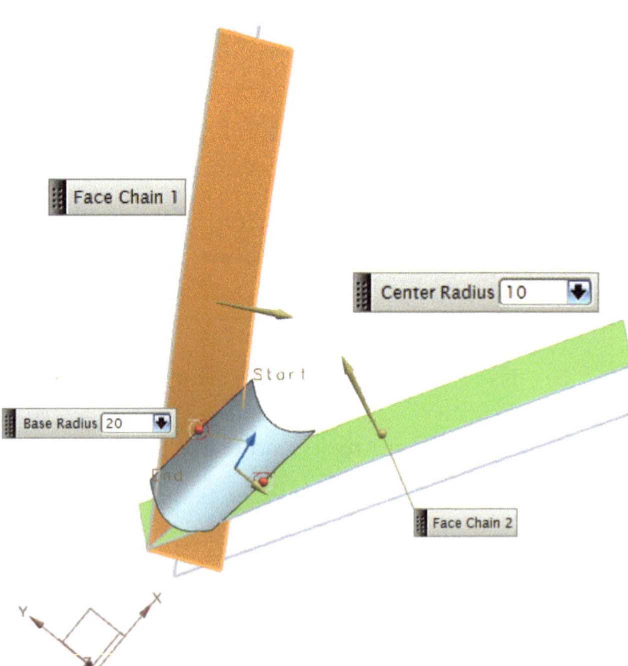

Bild 2-48 Verrunden der Schnittstelle

2.2.11 Enlarge — Flächenerweitern

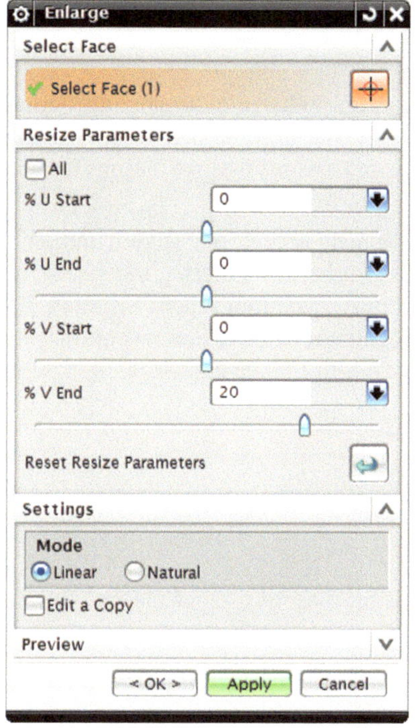

Bild 2-49 Enlarge

Um eine Überschneidung der Abrundung mit der ausgeblendeten Grundfläche zu erhalten, muss diese mit der Funktion **ENLARGE [MENU > EDIT > SURFACE > ENLARGE]** verlängert werden. Machen Sie die Grundfläche wieder sichtbar, um die Überschneidung erkennen zu können.

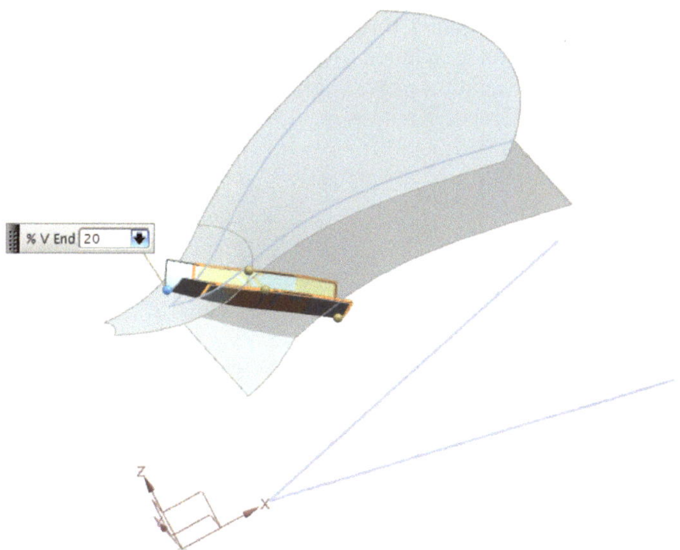

Bild 2-50 Verlängerung der Abrundung

2.2.12 Trimmed Sheet – Beschneiden der Speichenform

Jetzt wird der Körper mit der Funktion **TRIMMED SHEET** in die richtige Form ‚getrimmt'.
[MENU > INSERT > TRIM > TRIMMED SHEET].

Ändern Sie als erstes die Toleranz unter dem Reiter ‚**Settings**' um Fehlermeldungen auf Grund
von Ungenauigkeiten im Tausendstel-Bereich zu vermeiden. Verwenden Sie den Wert aus der
Abbildung.

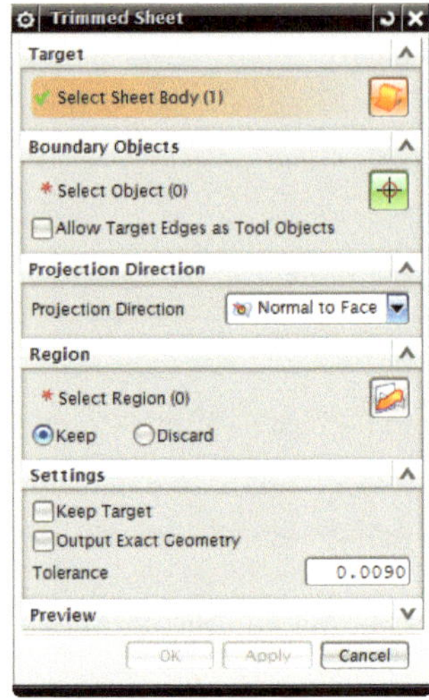

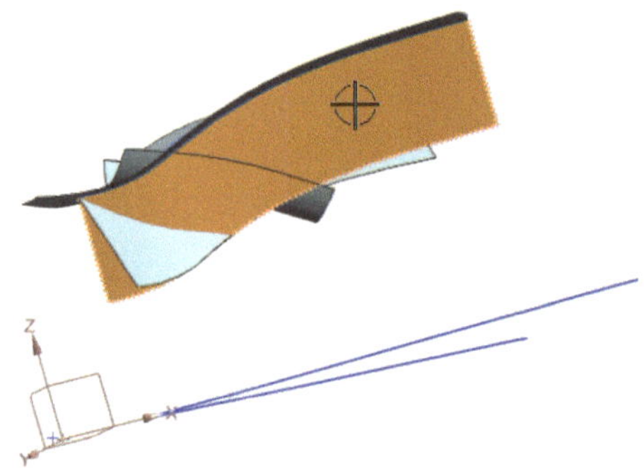

Unter ‚Target' wird jene Fläche ausgewählt, die es zu trimmen
gilt. Dabei ist zu beachten, dass vorher die Überlegung gemacht
werden muss, welcher Teil der ausgewählten Fläche erhalten
bleiben soll und welcher Teil ‚getrimmt' wird bzw. wegfällt.
Wählen Sie die in **Bild 2-51** gezeigte Fläche aus.

Bild 2-51 Auswahl der Trimm-Fläche

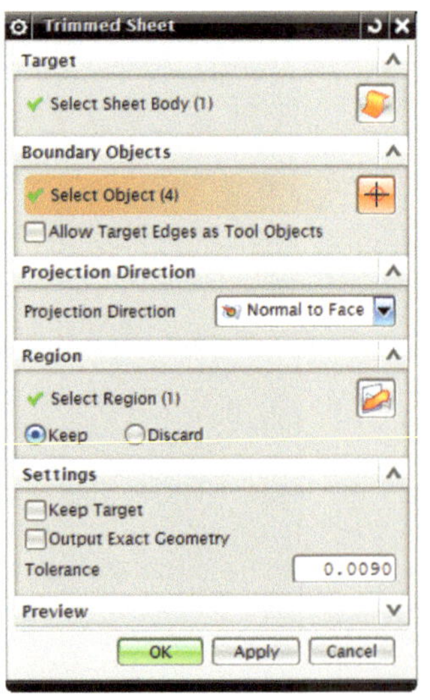

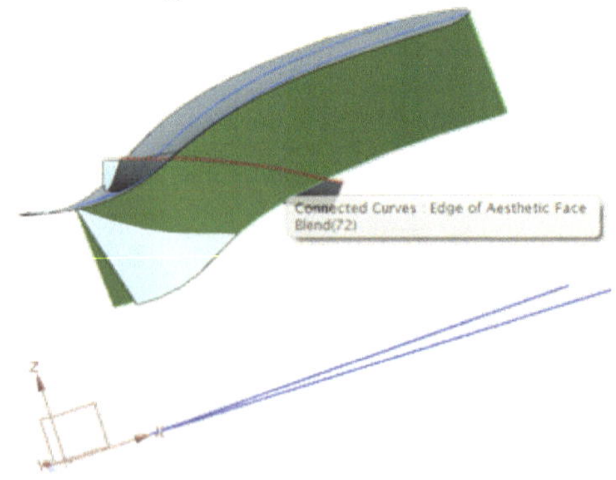

Der Reiter **Boundary Objects** definiert die Grenze der Trim-
mung. Wählen Sie die Kante der Rundung aus und bestätigen
Sie mit **Apply**. Somit fällt der restliche Teil ab der ausgewählten
Grenze/Kante weg.

Bild 2-52 Trimmed Sheet – Auswahl Boundary

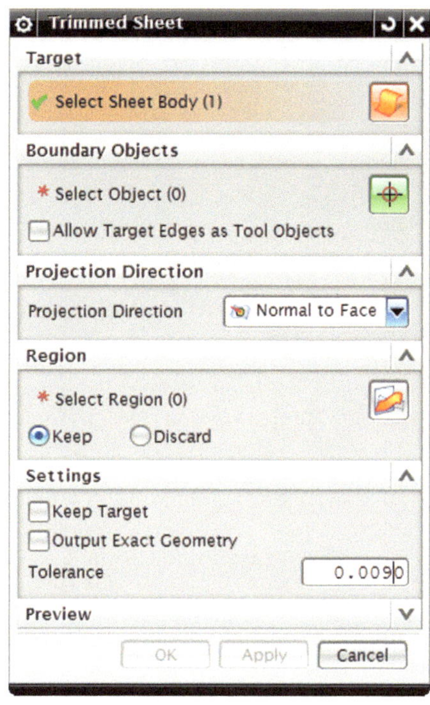

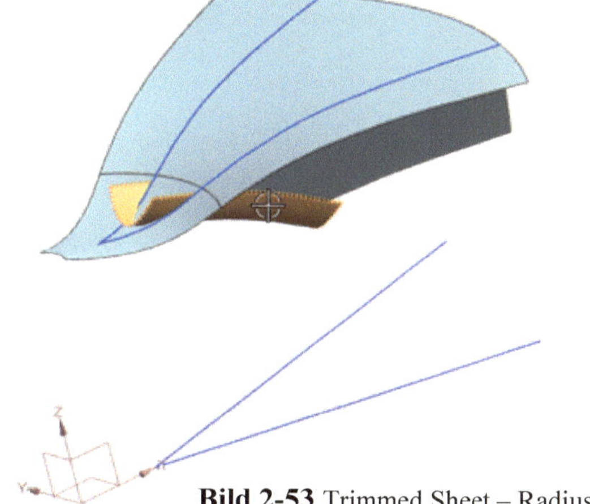

Wiederholen Sie diesen Vorgang auf der anderen Seite analog zu der ersten.

Wählen Sie nun als ‚Target' die Verrundung aus. Der Cursor sollte beim Betätigen die Position wie im

Bild 2-53 haben, da nun der obere Teil wegfallen soll.

Bild 2-53 Trimmed Sheet – Radius

Wählen Sie für den Reiter ‚**Boundary Objects**' die Grundfläche aus und bestätigen Sie mit **Apply**.

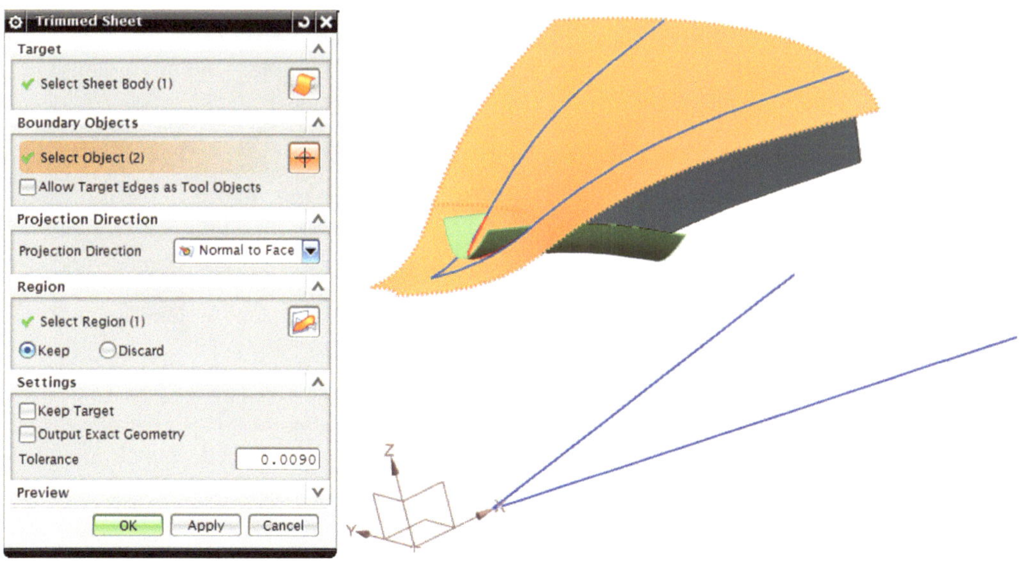

Bild 2-54 Auswahl der Grundfläche unter Boundary Object

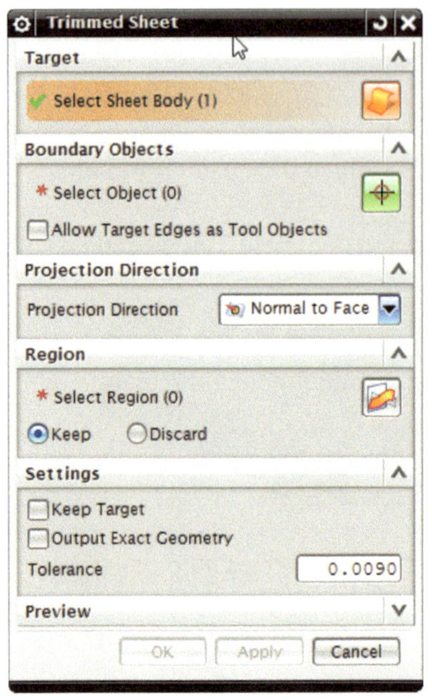

Hier ist die Grundfläche als ‚**Target**' auszuwählen. Achten Sie auch hier wieder auf die Position des Cursors während der Auswahl.

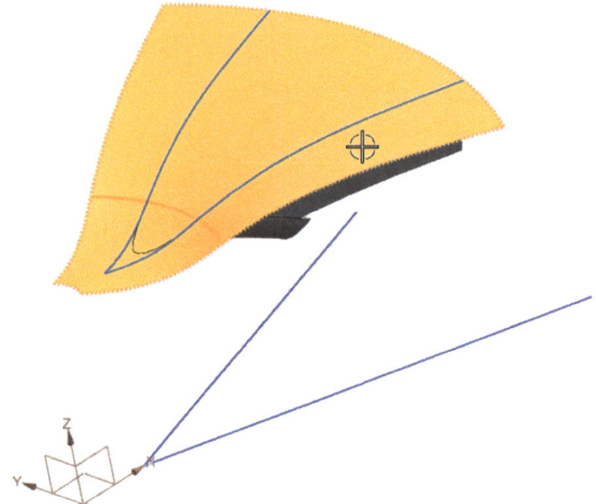

Bild 2-55 Auswahl der Grundfläche als Target

Als Grenze sind die drei Flächen wie in der unteren Abbildung zu sehen auszuwählen. Bestätigen Sie wieder mit **Apply**.

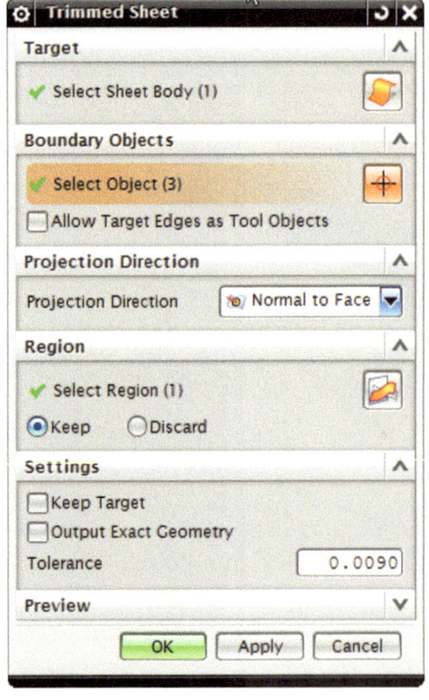

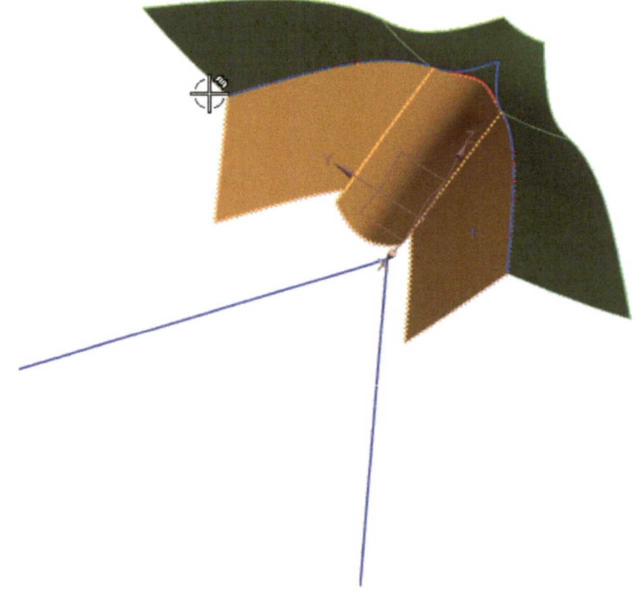

Bild 2-56 Auswahl der Grenzen

Das Ergebnis der Trimmung sollte wie folgt aussehen: Allmählich lässt sich die Speichenform erkennen.

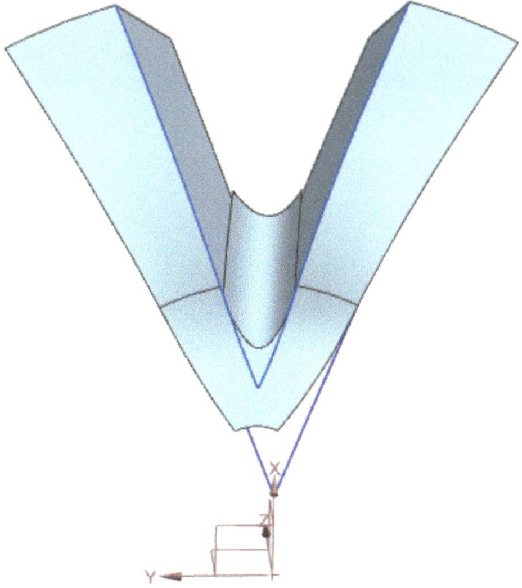

Bild 2-57 Erste Speichenform

Nun gilt es, die Dicke der Speiche zu erstellen. Machen Sie zunächst die beiden Splines in der Mitte der Speiche, wie im **Bild 2-58** zu sehen ist, per Rechtsklick und ‚SHOW' im Part Navigator wieder sichtbar.

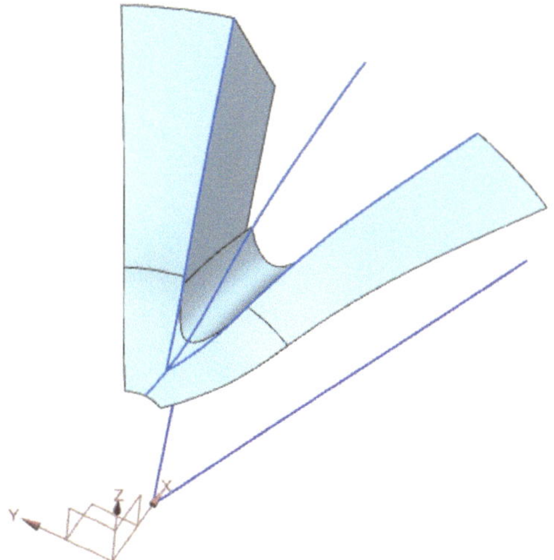

Bild 2-58 Splines sichtbar

Aus diesen Splines erzeugen wir als nächstes mit Hilfe der Funktion Revolve [**MENU >
INSERT > DESIGN FEATURE > REVOLVE**] eine Scheibe.

Wählen Sie für das Untermenü ‚**Section**' die beiden Splines aus.

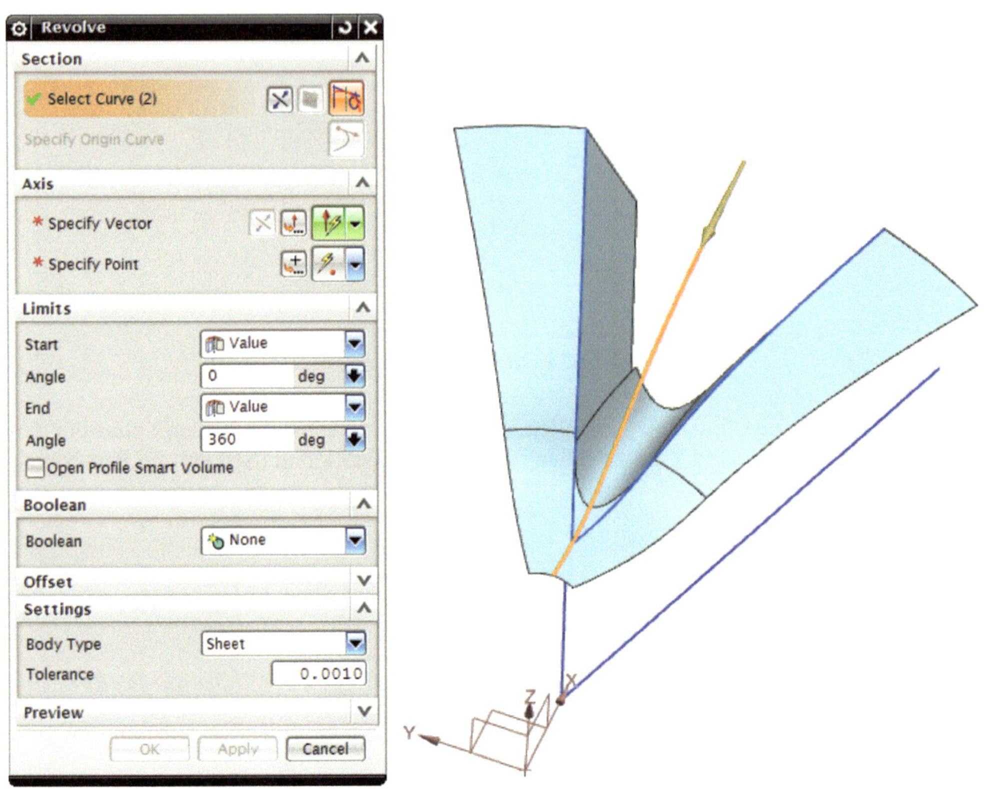

Bild 2-59 Auswählen des Splines

Im Untermenü ‚**Axis**' sind die **Z-Achse** und der Kreismittelpunkt, wie auf **Bild 2-60** zu erkennen, auszuwählen. Zuletzt ist noch unter ‚**Settings**' der **Body Type** auf **Sheet** zu stellen. Bestätigen Sie die Eingaben mit **OK**.

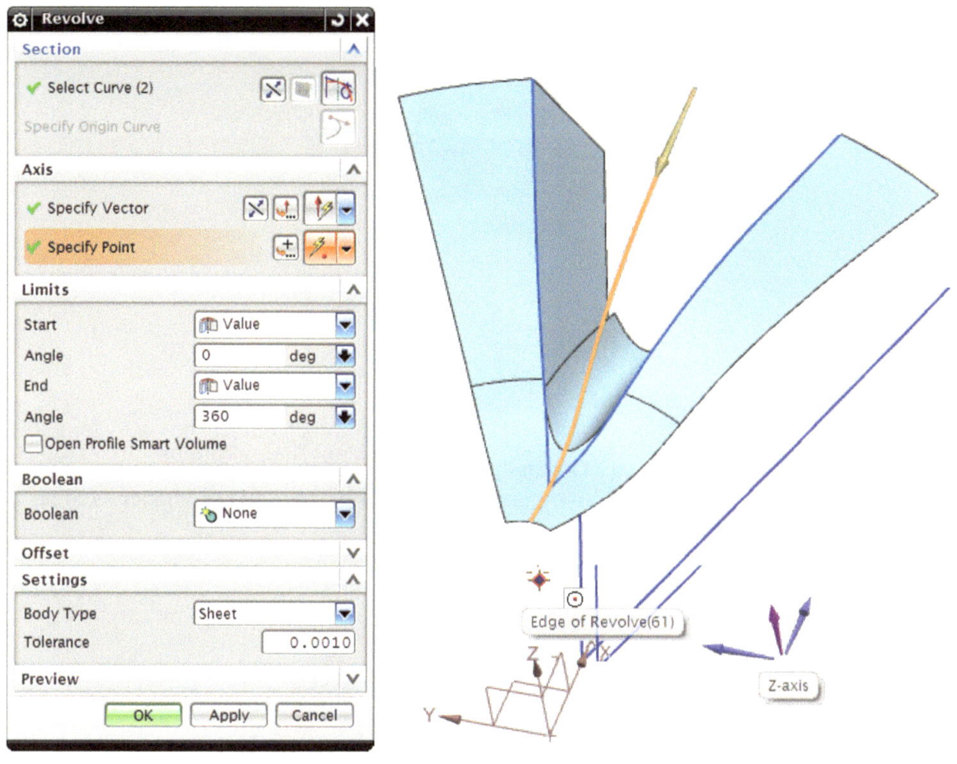

Bild 2-60 Auswahl der Achse und des Kreismittelpunktes

2.2.13 Offset Face – Erstellen der Rückseite

Mit der Funktion **OFFSET FACE [MENU > INSERT > OFFSET/SCALE > OFFSET FACE]** wird die soeben erzeugte Fläche um den Wert der späteren Materialdicke der Felgenspeiche verschoben.

Dazu wählen Sie unter ‚**Select Face**' die zu verschiebende Fläche aus und geben unter ‚**Offset**' den Wert und die Richtung der Verschiebung an. Entnehmen Sie die Werte aus **Bild 2-61** .

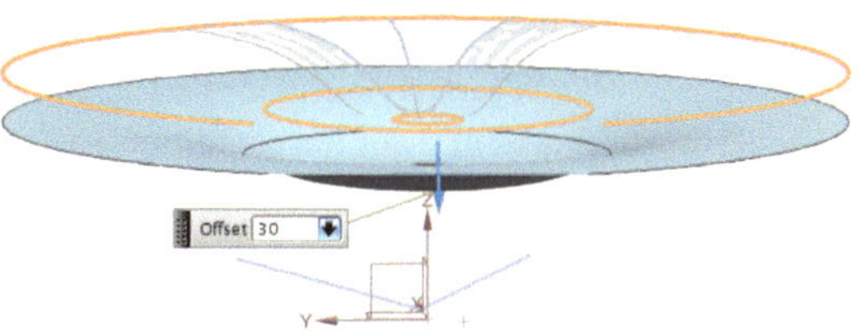

Bild 2-61 Offset Face – Rückseite

Nachdem die Fläche auf die richtige Position gebracht wurde, fällt auf, dass das soeben erzeugte Sheet Body an im **Bild 2-62** angezeigter Stelle einen zu kleinen Durchmesser aufweist. Dies hätte eine Fehlermeldung bei der nachfolgenden Trimmung zur Folge.

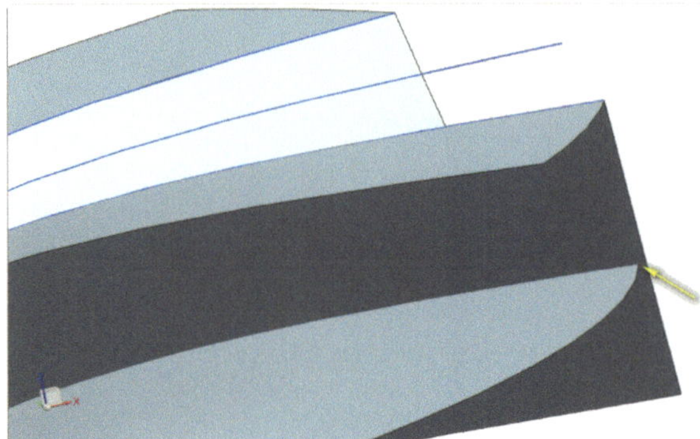

Bild 2-62 Durchmesserproblematik

Um die Felge auf die richtige Form zu ‚**Trimmen**‘, wird die zu Anfang bereitgestellte Felgenvorlage verwendet. Diese wird im Part Navigator per **Rechtsklick > SHOW** wieder sichtbar gemacht.

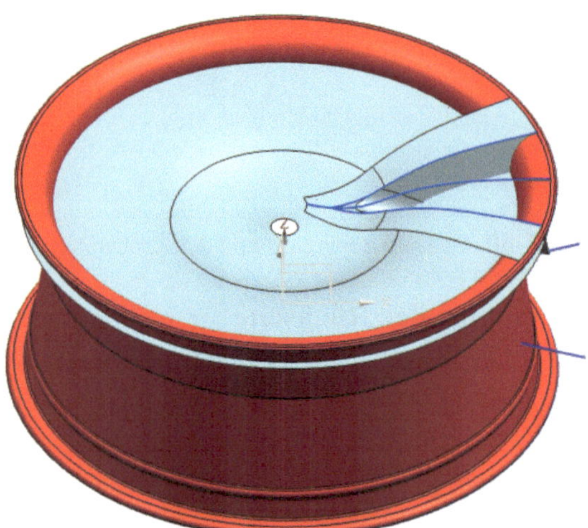

Bild 2-63 Show – Funktion

Mit der Funktion **EXTRACT GEOMETRY [MENU > INSERT > ASSOCIATIVE COPY > EXTRACT GEOMETRY]** wird nun eine exakte Kopie des oberen Felgendurchmessers erzeugt, die im weiteren Verlauf der Modellierung als Speichenbegrenzung dienen soll. Übernehmen Sie dafür die im **Bild 2-64** dargestellten Einstellungen. Als ‚**Face**‘ wählen Sie die im **Bild 2-64** gelb markierte Fläche.

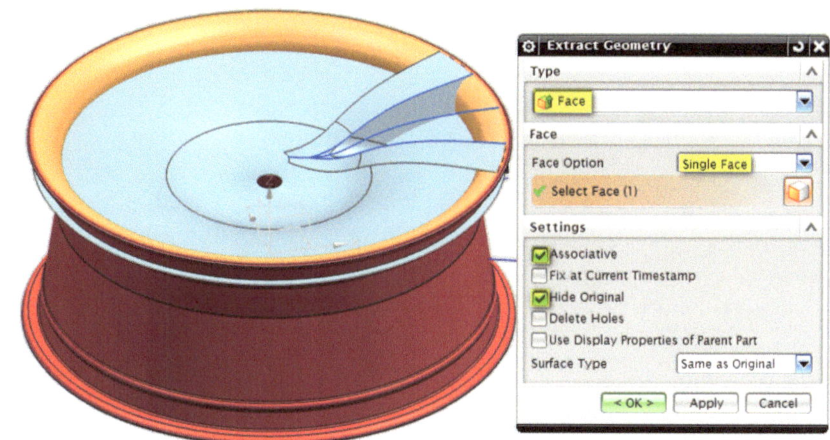

Bild 2-64 Felgenbegrenzung

Als Nächstes wird mit der Funktion **TRIMMED SHEET [MENU > INSERT > TRIM > TRIMMED SHEET]** die Speiche auf die richtige Form ‚getrimmt'.

Zunächst wird man aufgefordert, diejenigen Flächen auszuwählen, die geschnitten werden sollen. Diese werden per linke Maustaste wie im **Bild 2-65** abgebildet selektiert.

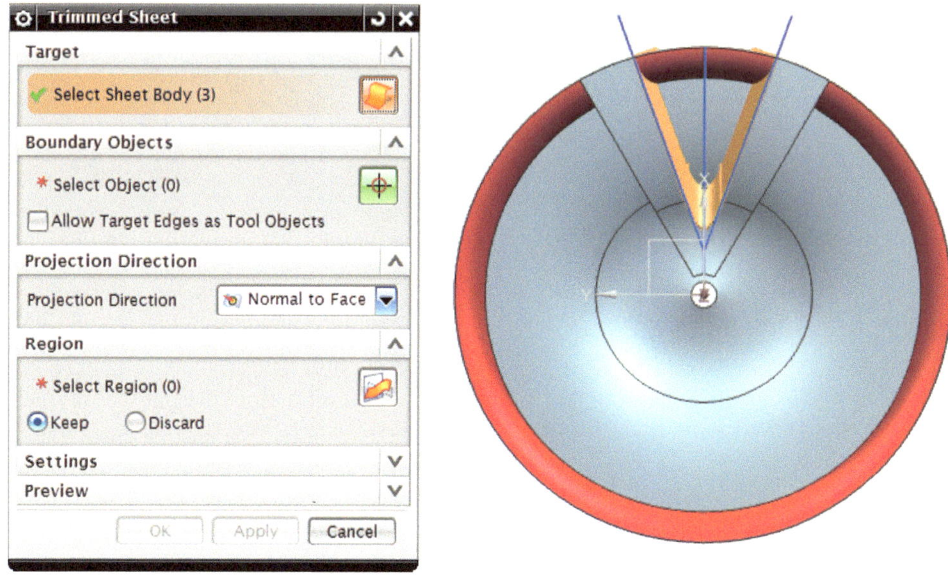

Bild 2-65 Auswählen zu schneidender Flächen

Jetzt wird in das Untermenü ,**Boundary Objects**' gewechselt und diejenigen Flächen ausgewählt, an denen die zuvor ausgewählten Flächen geschnitten werden sollen. Entnehmen Sie diese Flächen dem **Bild 2-66**.

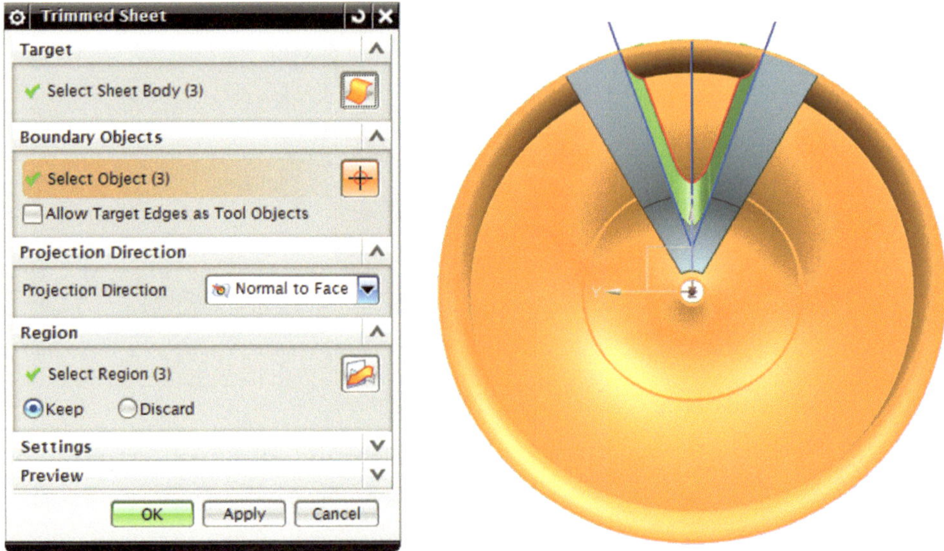

Bild 2-66 Auswahl der Flächen

Nun wird die zuvor als Speichenbegrenzung sichtbar gemachte Felgenvorlage wieder mit der Hide-Funktion unsichtbar gemacht. Die Speiche sollte jetzt folgendermaßen aussehen:

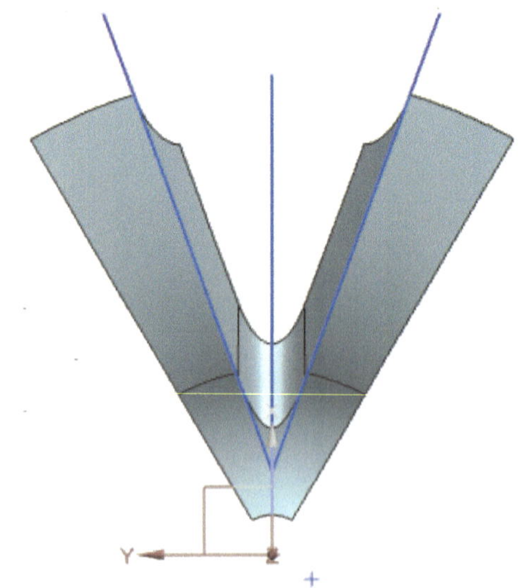

Bild 2-67 Zwischenstand der Speiche

Aus ästhetischen und fertigungstechnischen Gründen werden noch alle scharfen Kanten der Speiche abgerundet. Dafür wird die Funktion **AESTHETIC FACE BLEND** benutzt, die ein gleichförmiges Abrunden der Kanten ermöglicht. Diese Funktion finden Sie in der Werkzeugleiste wie unten abgebildet.

Bild 2-68 Auswahl der Aesthetic-Face-Blend-Funktion

Öffnen Sie die Funktion **AESTHETIC FACE BLEND.**

Sie werden aufgefordert, die erste Oberfläche auszuwählen. Dazu klicken Sie wie im **Bild 2-70** abgebildet auf die obere Fläche der Speiche.

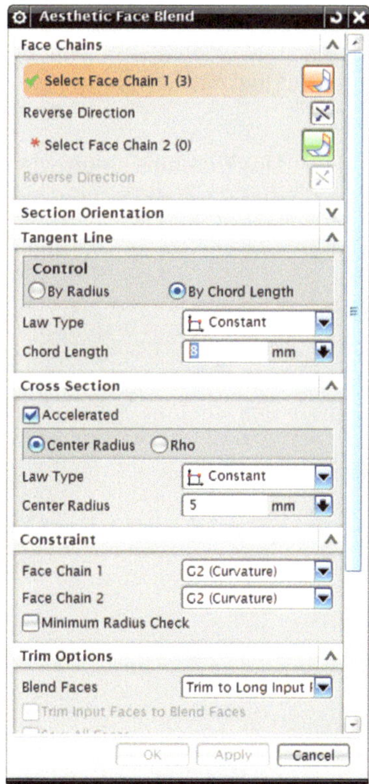

Bild 2-69 Aesthetic Face Blend

Achten Sie darauf, dass der Vektor wie im **Bild 2-70** nach unten zeigt. Die Richtung des Vektors können Sie mit einem Doppelklick auf den Vektorpfeil verändern.

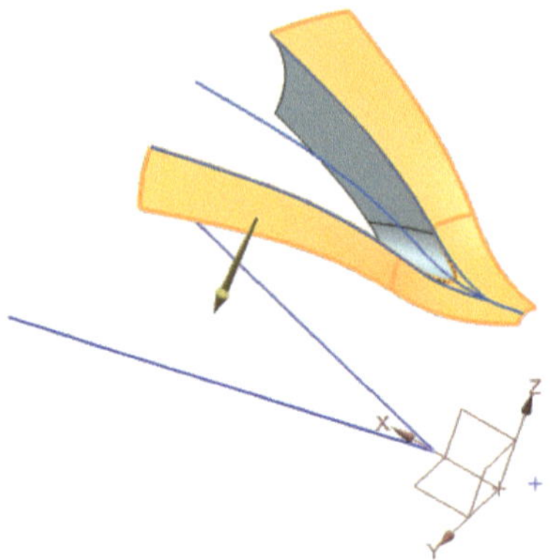

Bild 2-70 Vektor-Richtung

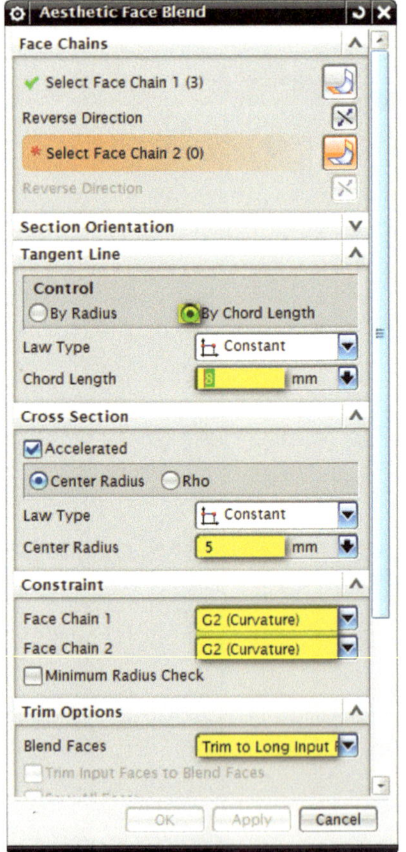

Im nächsten Schritt wird die Auswahl der angrenzenden zweiten Oberfläche gefordert, um die gemeinsame Kante der Oberflächen abzurunden. Übernehmen Sie zunächst die gelb hervorgehobenen Einstellungen aus **Bild 2-71** und wählen Sie erst dann die farbig hervorgehobenen Oberflächen. Gehen Sie dabei von links nach rechts.

Das Ergebnis sollte wie unten abgebildet aussehen. Falls dies der Fall ist, können Sie alle Eingaben mit **OK** bestätigen.

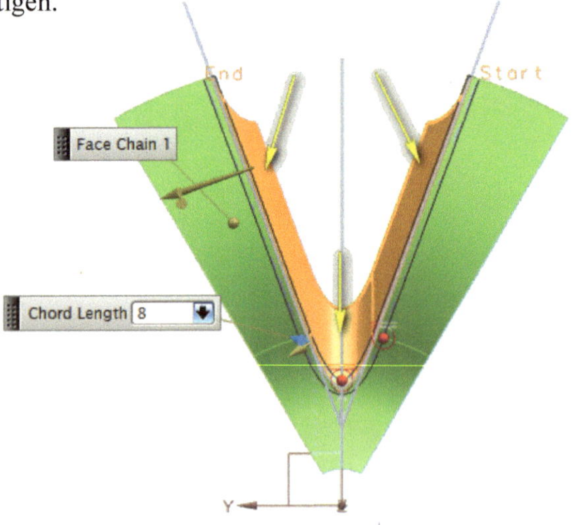

Bild 2-71 Aesthetic Face Blend – Ergebnis der Auswahl

Um die Abrundung der Kante abzuschließen, wird die zuvor benutzte Funktion **TRIMMED SHEET** erneut aufgerufen. Hier ist bei der Auswahl der zu trimmenden Flächen besonders viel Acht zu geben.

Öffnen Sie die Funktion **TRIMMED SHEET** in der Werkzeugleiste im Bereich ‚**Feature**‘ im Untermenü **MORE > TRIM > TRIMMED SHEET**.

Selektieren Sie zunächst die im **Bild 2-72** grün dargestellte Oberfläche als ‚**Target**‘ und die gelb dargestellte Abrundungslinie als ‚**Boundary Object**‘. Bei der Auswahl der Linie müssen Sie per Rechtsklick ‚Tangent Curves‘ auswählen, da ansonsten nur ein Teil der Linie selektiert wird.

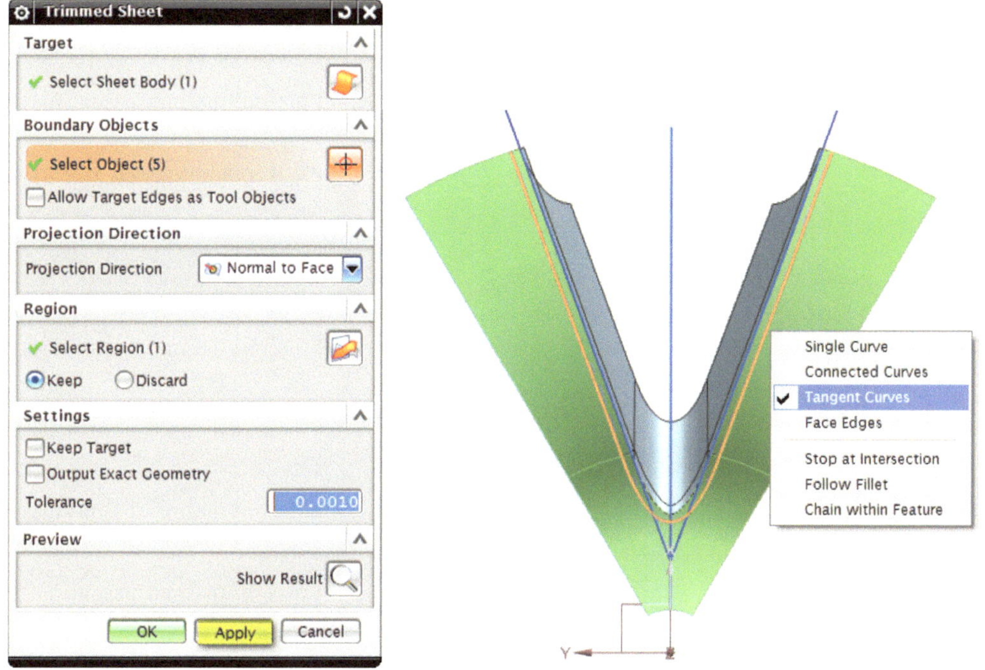

Bild 2-72 Auswahl für Target

Haben Sie alles korrekt selektiert, klicken Sie auf **Apply**, um die weiteren Trimmungen vorzunehmen.

Als Nächstes müssen die inneren Flächen mit den entsprechenden Linien getrimmt werden. Dazu werden alle drei Teile der inneren Fläche mit den entsprechenden Lines einzeln selektiert.

Dies erfolgt wie folgt:

Selektieren Sie zunächst die im **Bild 2-73** grün angezeigte Fläche als ‚Target‘ und die rot dargestellte Linie als ‚**Boundary Object**‘. Bei der Auswahl der Linie wird zunächst automatisch die komplette Linie ausgewählt. Per Rechtsklick auf die Linie wählen Sie ‚**Single Curve**‘ aus. Wie Sie unschwer erkennen können, gibt es ein Problem an der Übergangsstelle zur nächsten Fläche. Diese ist mit einem roten Stern gekennzeichnet.

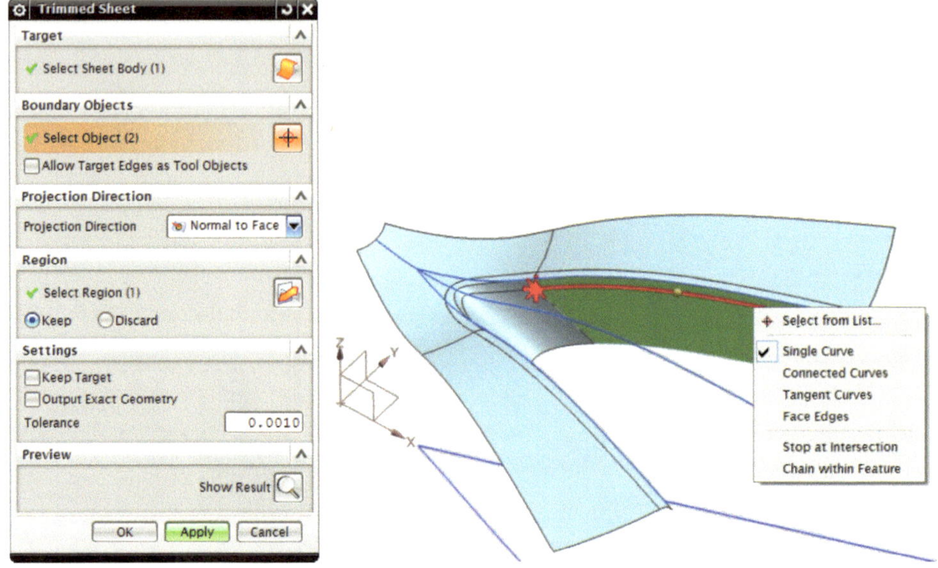

Bild 2-73 Auswahl für Target und Boundary Objects

Um dieses Problem lösen zu können, müssen Sie in diese Stelle zoomen. Wenn Sie nah genug gezoomt haben, werden Sie erkennen, dass die Linie, die Sie zuvor selektiert haben, kürzer ist als die selektierte Fläche. Somit würde sich ein Problem bei der Trimmung der Fläche ergeben. Um dieses Problem zu lösen, selektieren Sie noch den im **Bild 2-74** angedeuteten Linienabschnitt, sodass die Linie genauso lang ist wie die zu trimmende Fläche.

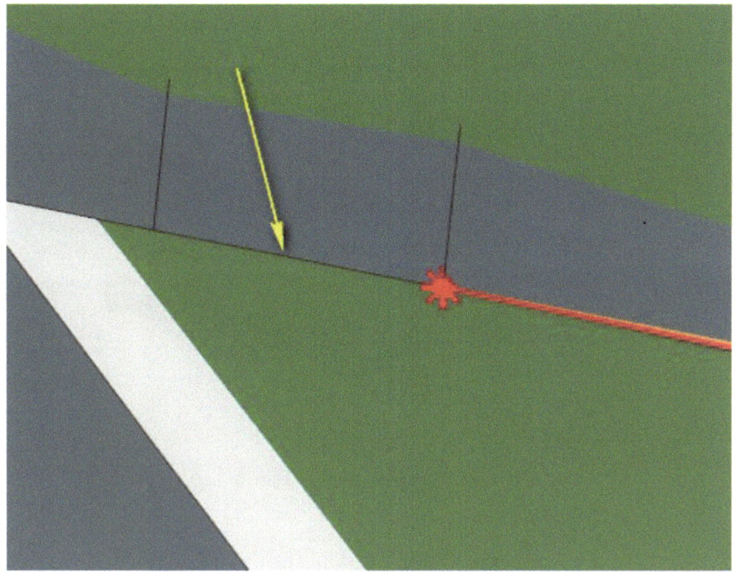

Bild 2-74 Auswahl des Linienabschnittes

Nach erfolgreicher Auswahl der Linie sollte die Anzeige folgendermaßen aussehen: Die zuvor rot dargestellte Linie sollte nun grün erscheinen.

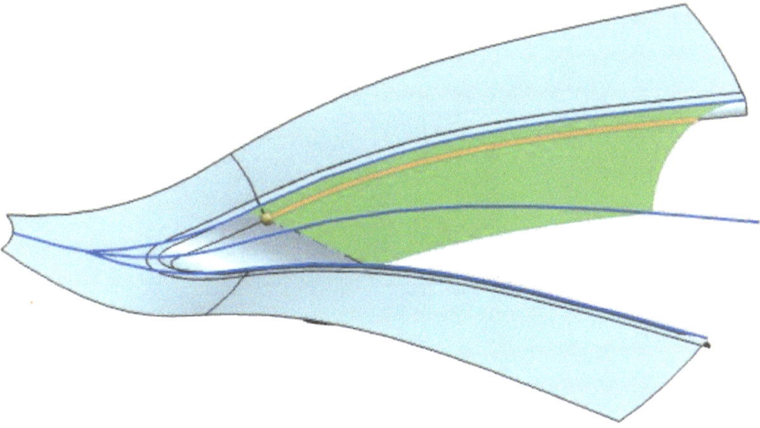

Bild 2-75 Ergebnis nach erfolgreicher Auswahl

Klicken Sie auf **APPLY**, um die Trimmung des ersten Bereiches abzuschließen. Nun werden die zwei übrigen Flächen auf gleicher Art und Weise getrimmt. Achten Sie darauf, dass bei der letzten Fläche (achsensymmetrisch zur ersten Fläche) das gleiche Problem wie bei der ersten Fläche auftritt. Auch dort müssen Sie sich mit der Zoom-Funktion helfen.

Haben Sie alles korrekt ausgeführt, sollte die Anzeige wie im **Bild 2-76** aussehen:

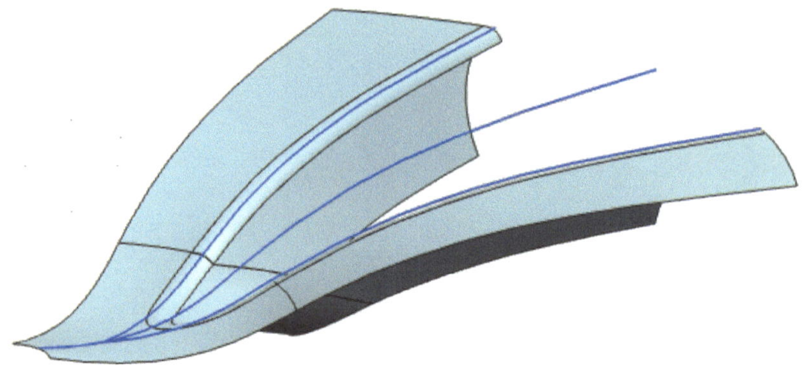

Bild 2-76 Ergebnis der Trimmung

Wie Sie sehen, wurden die scharfen Kanten mit Hilfe der Funktion ‚**Aesthetic Face Blend**,‘ gleichmäßig abgerundet.

Im nächsten Schritt soll aus dem Sheet Body ein Volumenkörper generiert werden. Dazu wird zunächst mit der Funktion **SHOW [STRG+SHIFT+K]** die Felgenvorlage aufgerufen.

Bild 2-77 Class Selection

Es werden die im **Bild 2-78** gelb markierten Bereiche der Felgenvorlage selektiert:

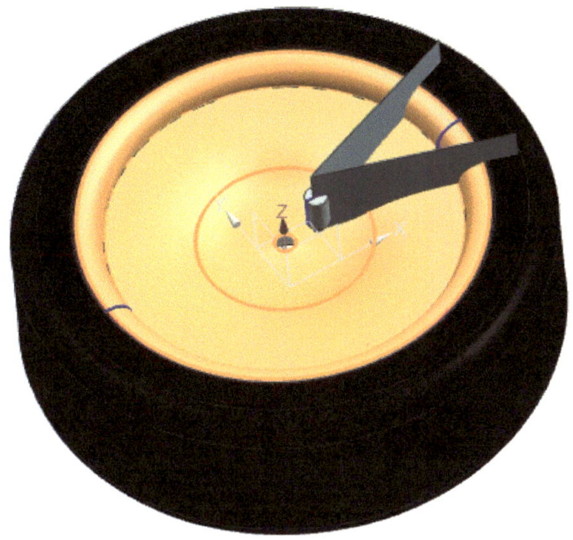

Bild 2-78 Selektieren der Bereiche der Felgenvorlage

Die Auswahl wird mit **OK** bestätigt.

Nach erfolgreicher Auswahl sollte die Anzeige wie im **Bild 2-79** aussehen:

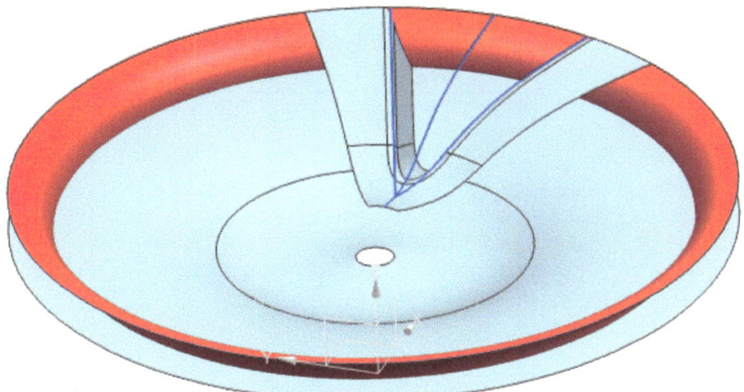

Bild 2-79 Ergebnis der Auswahl

Als nächstes werden die Kanten der Speiche extrudiert. Dazu wird die Funktion **EXTRUDE [X]** aufgerufen. Nun selektieren Sie wie im **Bild 2-80** dargestellt alle äußeren Kanten der Speiche. Achten Sie dabei darauf, dass der Vektorpfeil nach unten zeigt und der Extrude durch die Bodenplatte hindurch geht.

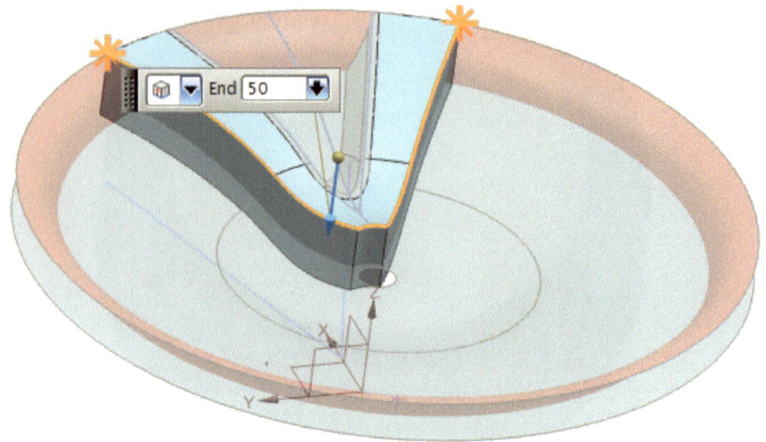

Bild 2-80 Selektieren der Außenkanten der Speiche

Bestätigen Sie Ihre Eingaben mit **OK**.

Als nächstes wird die Funktion **TRIMMED SHEET [MENU > INSERT > TRIM > TRIMMED SHEET]** aufgerufen, um den Extrude und damit den Volumenkörper auf die richtige Materialdicke zu kürzen und ihn in die richtige Form zu bringen.

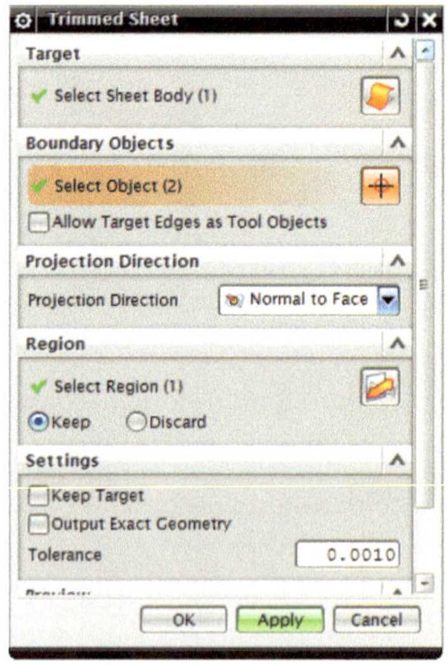

Bild 2-81 Trimmed Sheet

Als ‚**Target**' selektieren Sie nun die im letzten Schritt erzeugte Außenfläche des Extrude, welche im **Bild 2-82** grün markiert ist. Als ‚**Boundary Object**' wählen Sie die Bodenplatte, welche gelb markiert ist. Dieser Schritt begrenzt die Länge des Extrude genau auf den richtigen Abstand zur Bodenplatte. Bestätigen Sie die Eingaben mit **APPLY**.

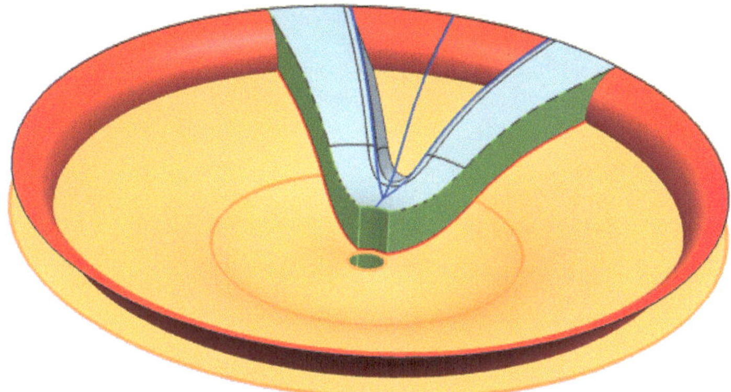

Bild 2-82 Auswahl der Außenfläche

Im nächsten Schritt selektieren Sie wieder die Außenfläche des Extrude als ‚**Target**'. Als ‚**Boundary Object**' selektieren Sie nun den oberen Außendurchmesser der Vorlage, die im **Bild 2-83** gelb markiert ist. Bestätigen Sie die Trimmung mit **APPLY**.

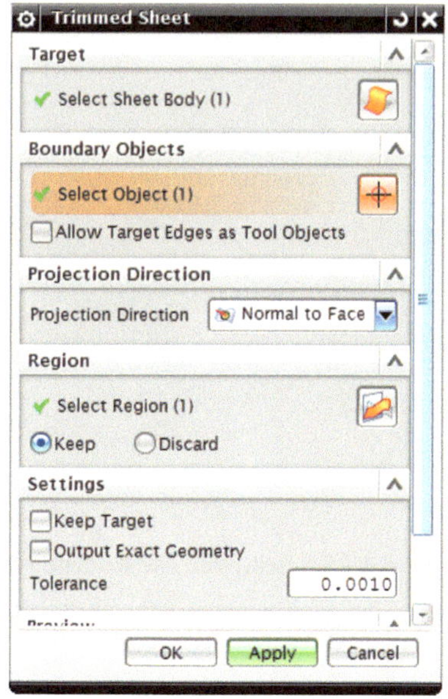

Bild 2-83 Trimmed Sheet

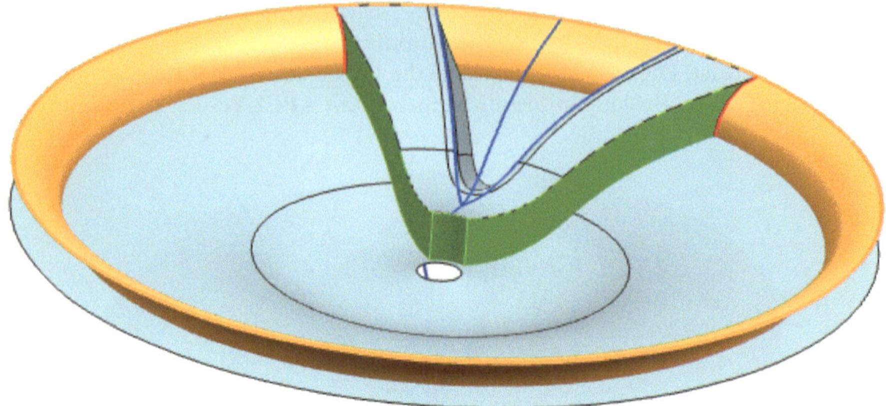

Bild 2-84 Auswahl der Außenfläche für Target

Im nächsten Schritt wird die Unterseite der Speiche abgeschlossen. Dazu wird die Bodenplatte als ‚**Target**‘ selektiert. **ACHTUNG**: Sie müssen die Bodenplatte in den Grenzen der Speiche selektieren (z. B. an der rot markierten Stelle im **Bild 2-85**), da ansonsten die falsche Fläche geschnitten wird.

SCHRITT 1: Selektion der Bodenplatte (in den Grenzen der Speiche)

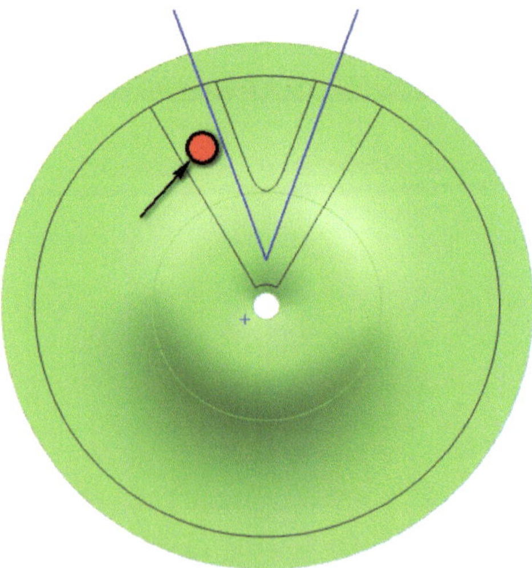

Bild 2-85 Selektieren der Bodenplatte

Als ‚**Boundary Object**' werden nun wie im **Bild 2-86** dargestellt alle angrenzenden Flächen selektiert.

SCHRITT 2: Selektion der angrenzenden Flächen

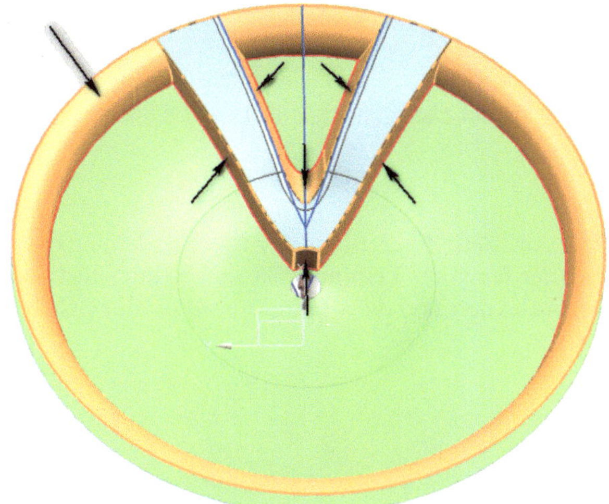

Bild 2-86 Selektieren der angrenzenden Flächen

Bestätigen Sie alle Eingaben mit **APPLY**.

Wenn Sie alles richtig gemacht haben, sollte die Anzeige nun folgendermaßen aussehen:

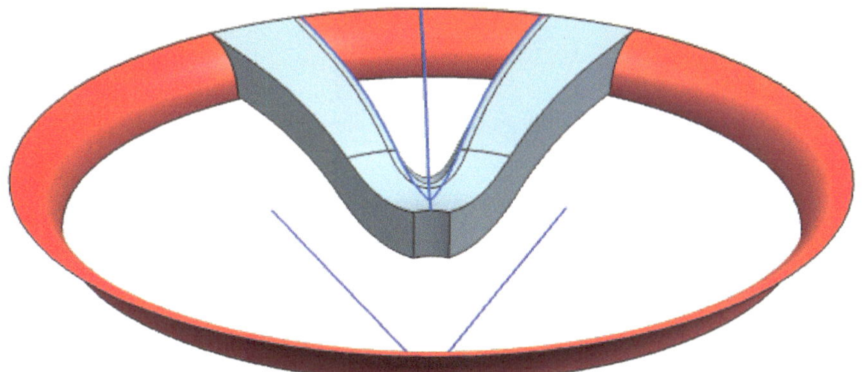

Bild 2-87 Ergebnis der Bearbeitung

Folgendes Problem (**Bild 2-88**) muss noch gelöst werden:

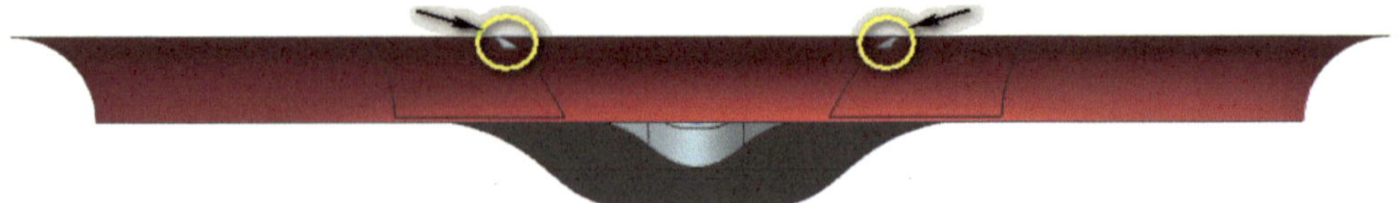

Bild 2-88 Korrektur mit Trimmed Sheet

An zwei Stellen geht die **Aesthetic Face Blend** der Speiche durch die Vorlage hindurch. Auch dieses Problem wird mit der Funktion **Trimmed Sheet** schnell gelöst. Dazu wird die **Aesthetic Face Blend** als ‚**Target**‘ selektiert und die Vorlage als ‚**Boundary Object**‘. Bestätigen Sie mit **APPLY**.

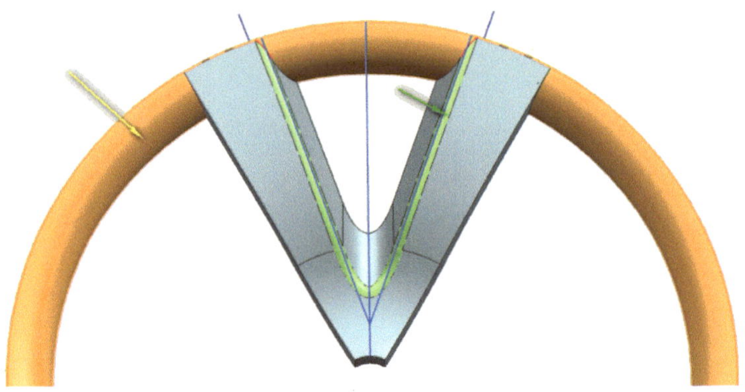

Bild 2-89 Auswahl für Trimmed Sheet

Nun müssen noch die zwei Öffnungen der Speichenform abgeschlossen werden, um einen geschlossenen Volumenkörper zu erhalten. Auch dies wird mit Hilfe der Funktion **TRIMMED SHEET** vollführt. Der Unterschied hier ist, dass im Untermenü ‚**Region**‘ die Alternative **DISCARD** ausgewählt wird.

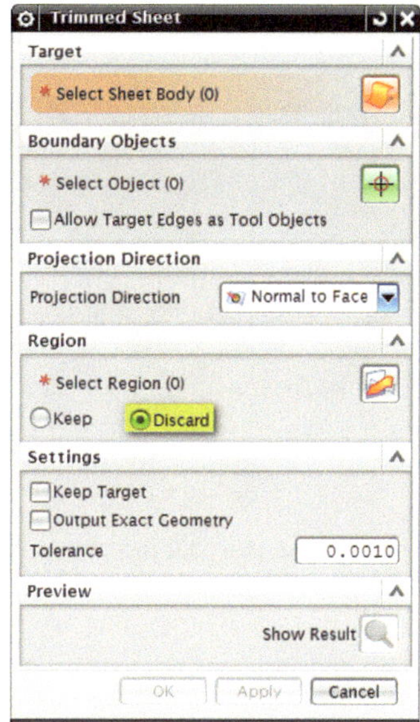

Bild 2-90 Trimmed Sheet

Als Erstes selektieren Sie die Vorlage als ‚**Target**' und zwar außerhalb der Speichenöffnungen. Sie können die Selektion beispielsweise an der im **Bild 2-91** rot markierten Stelle durchführen.

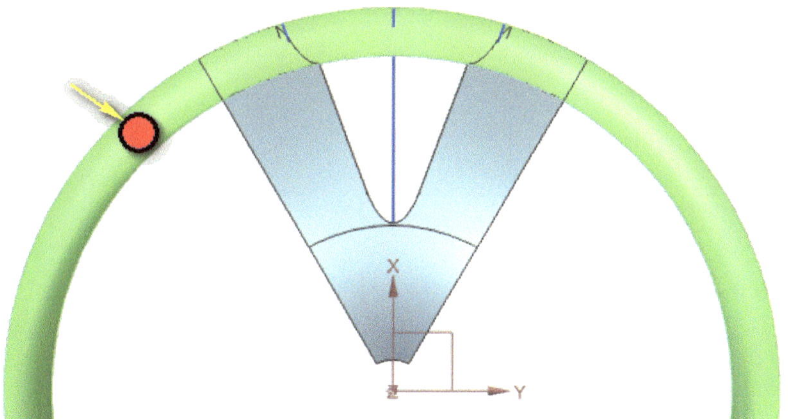

Bild 2-91 Auswahl der Vorlage als Target

Als Nächstes werden Sie aufgefordert die ‚**Boundary Objects**' zu selektieren. Diese sind die umgebenden Flächen und sind in **Bild** 2-92 und **Bild** 2-93 gelb markiert.

VORDERANSICHT:

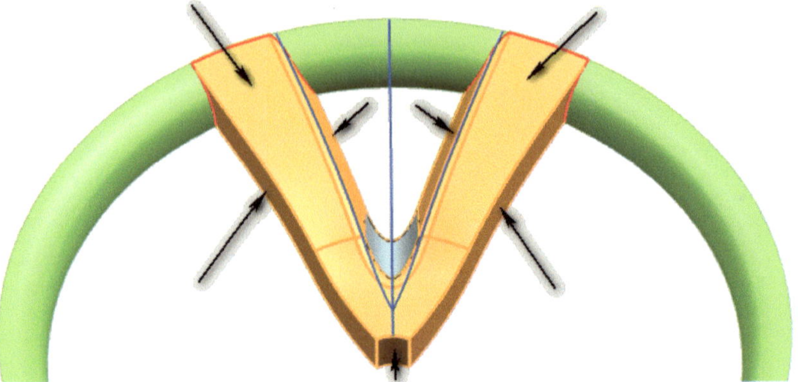

Bild 2-92 Auswahl für „Boundary Objects" – Vorderansicht

HINTERANSICHT:

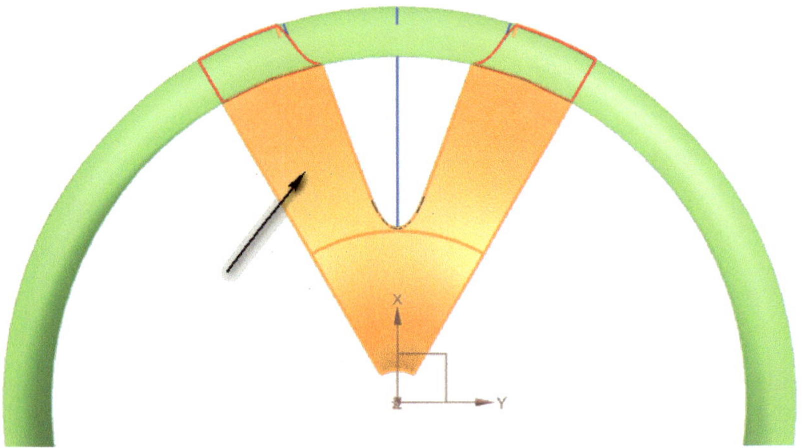

Bild 2-93 Auswahl für „Boundary Objects" – Hinteransicht

Bestätigen Sie alle Eingaben mit **OK**.

Der Volumenkörper ist nun erstellt und sollte wie im **Bild 2-94** aussehen:

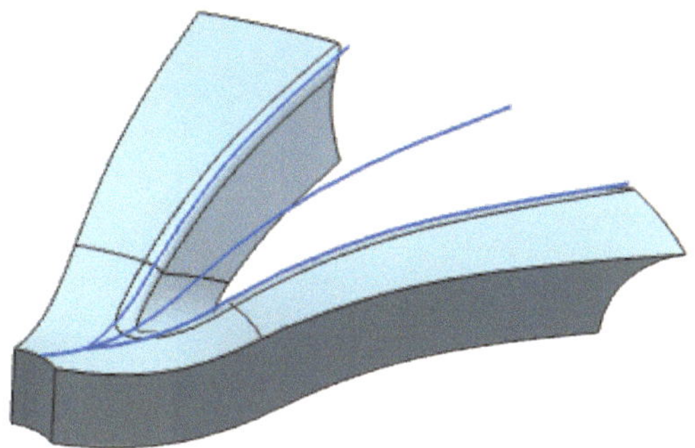

Bild 2-94 Fertiger Volumenkörper

Mit Hilfe der Funktion **SEW [MENU > INSERT > COMBINE > SEW]** wird nun der Volumenkörper zusammengefügt. Dies soll in diesem Beispiel mit einer Toleranz von **0.009 mm** erfolgen.

Als ‚**Target**' soll die Oberfläche des Volumenkörpers ausgewählt werden, während alle anderen Elemente als ‚**Tool**' selektiert werden sollen.

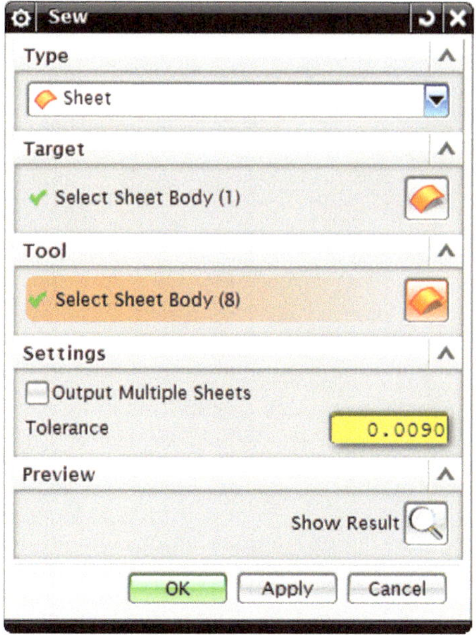

Bild 2-95 Funktion Sew

Die korrekte Selektion können Sie dem **Bild 2-96** und dem **Bild 2-97** entnehmen.

Die ‚**Target**'-Flächen sind grün dargestellt, während die ‚**Tool**'-Flächen orange markiert sind.

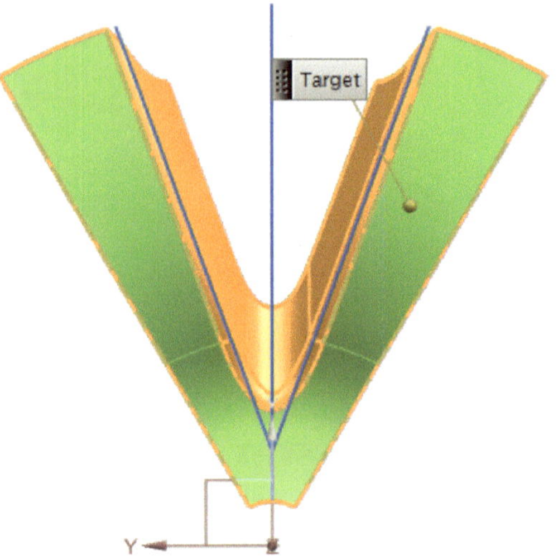

Bild 2-96 Auswahl für Target für die Funktion Sew

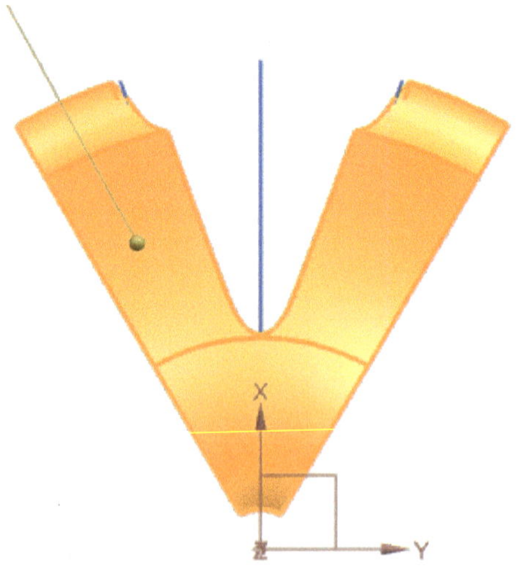

Bild 2-97 Auswahl für Tool für die Funktion Sew

Bestätigen Sie die Eingaben mit **OK**.

2.3   Twin Spoke erzeugen

Die zu erzeugende Felge soll eine sogenannte ‚Twin Spoke Felge' werden. Das bedeutet, dass die Felge zwei verschiedene Speichenformen haben soll, um ihr ein besseres Aussehen zu verleihen. Um dies zu verwirklichen, müssen ein paar Änderungen am bisherigen Volumenkörpervorgenommen werden. Durch die geschickte Kombination einiger NX-Funktionen kann dies mit wenig Aufwand erreicht werden.

2.3.1   Offset in Face

Zunächst soll eine Linie erzeugt werden, die eine der Speichen halbieren soll. Dazu wird die Funktion **OFFSET IN FACE [MENU > INSERT > DERIVED CURVE > OFFSET IN FACE]** aufgerufen.

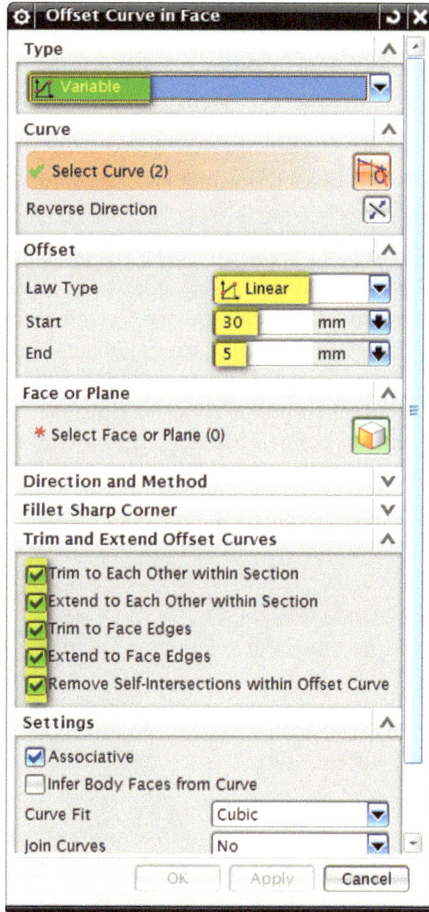

Bild 2-98 Offset Curve in Face

Übernehmen Sie die im **Bild 2-98** aufgeführten Einstellungen. Nun soll die Kante ausgewählt werden, die es zu verschieben gilt.

Selektieren Sie dazu die im **Bild 2-99** farbig markierte Kante der Speiche.

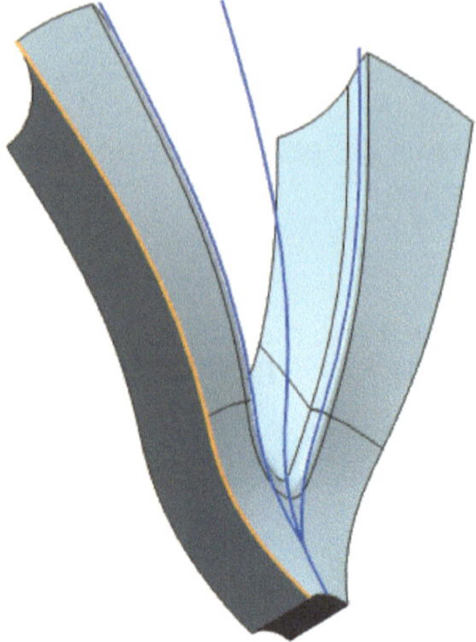

Bild 2-99 Auswahl der Kante

Nach erfolgreicher Selektion der Kante wechseln Sie in das Untermenü ‚**Face or Plane**' und wählen die Flächen aus, auf die die Verschiebung der zuvor ausgewählten Linie erfolgen soll. Achten Sie dabei insbesondere auf die Richtung der Verschiebung. Die Vektoren sollten wie im **Bild 2-100** zu sehen ist nach rechts zeigen, da ansonsten die Verschiebung in die falsche Richtung erfolgen würde. Achten Sie bei der Auswahl der Flächen außerdem darauf, dass Sie die Funktion ‚**Single Face**' per Rechtsklick aktivieren, da sonst die gesamte Fläche ausgewählt wird. Die auszuwählenden Flächen können Sie dem **Bild 2-100** entnehmen. Bestätigen Sie die Auswahl mit **OK**.

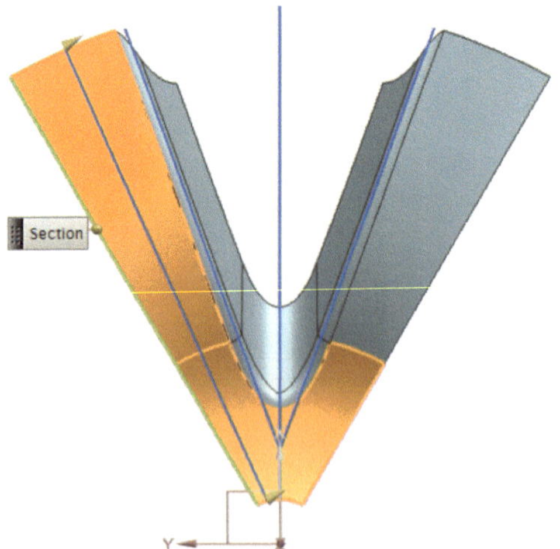

Bild 2-100 Auszuwählende Flächen

Als Nächstes wird die benötigte Linie mit Hilfe der zuvor verschobenen Kantenkontur erzeugt. Dazu wird die Funktion **LINE [MENU > INSERT > CURVE > LINE]** aufgerufen.

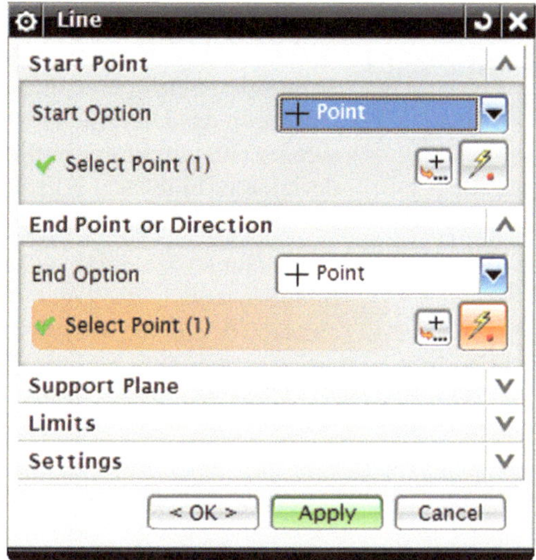

Bild 2-101 Line

Wählen Sie zunächst wie im **Bild 2-102** gezeigt den Anfangspunkt und den Endpunkt der Linie aus.

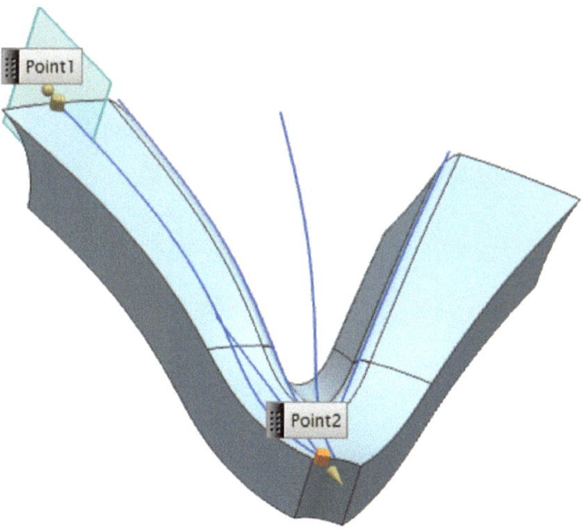

Bild 2-102 Auswahl des Anfangs- und Endpunktes

Bestätigen Sie die Auswahl mit **OK**.

Als Nächstes wird mit der bereits bekannten Funktion **LAW EXTENSION [MENU > INSERT > FLANGE SURFACE > LAW EXTENSION]** die erzeugte Linie erweitert. Dazu wird die Funktion zunächst aufgerufen.

Wechseln Sie zunächst im Untermenü ‚**Type**' auf **VECTOR**.

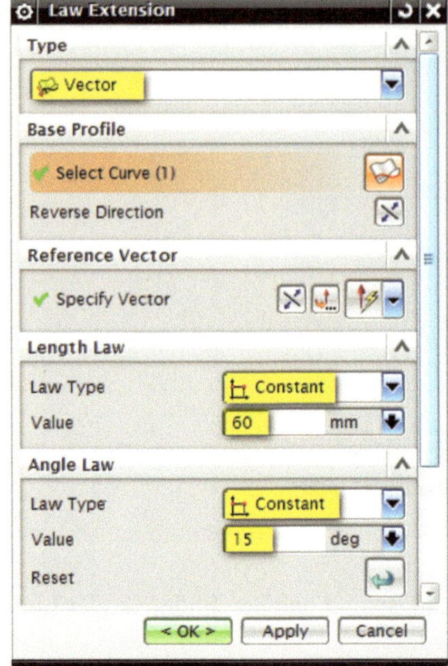

Wählen Sie im Untermenü ‚**Base Profile**' die im vorherigen Schritt erzeugte Linie aus. Wechseln Sie danach in das Untermenü ‚**Reference Vector**'. Dort werden Sie aufgefordert, die Richtung des Vektors zu definieren. In diesem Fall soll der **Vektor** in die **negative Z-Richtung** zeigen.

Übernehmen Sie die links abgebildeten Werte. Ändern Sie jedoch die Toleranz im Untermenü ‚**Tolerance G0**' auf den Wert **0.01** und bestätigen Sie nach erfolgreicher Durchführung mit dem Befehl **OK**.

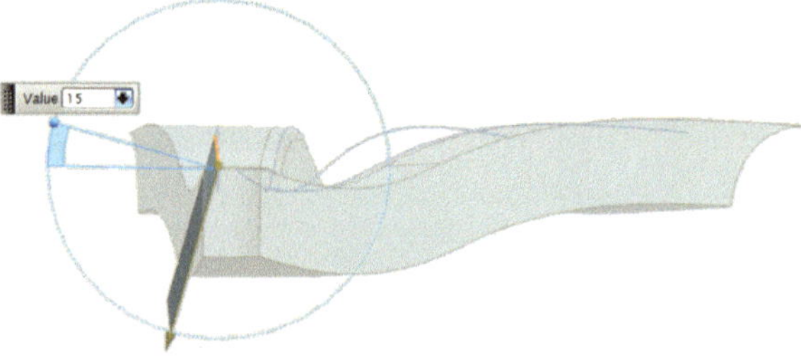

Bild 2-103 Verlängern der Law Extension mit Enlarge

Mit Hilfe der Funktion **ENLARGE [MENU > EDIT > SURFACE > ENLARGE]** soll die vorher erzeugte Law Extension vergrößert werden. Dazu wird die Law Extension selektiert und die im **Bild 2-104** vorgegebenen Parameter werden eingegeben.

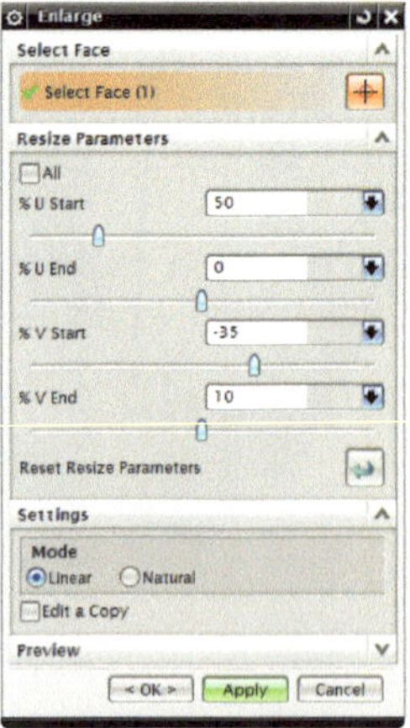

Bild 2-104 Enlarge

Nach erfolgreicher Eingabe der Parameter sollte das Ergebnis wie in **Bild 2-105** aussehen. Bestätigen Sie die Eingaben mit **OK**.

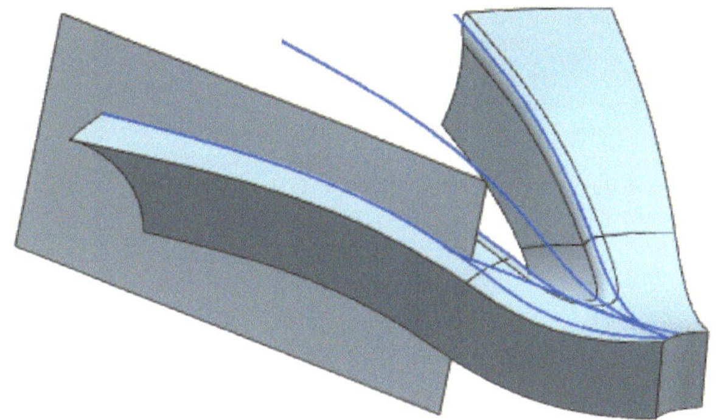

Bild 2-105 Ergebnis der Verlängerung

2.3.2 Thicken – Erstellen des Abzugskörpers

Nun soll mit der Funktion **THICKEN [MENU > INSERT > OFFSET/SCALE > THICKEN]** die zuvor erzeugte Fläche dicker gemacht werden.

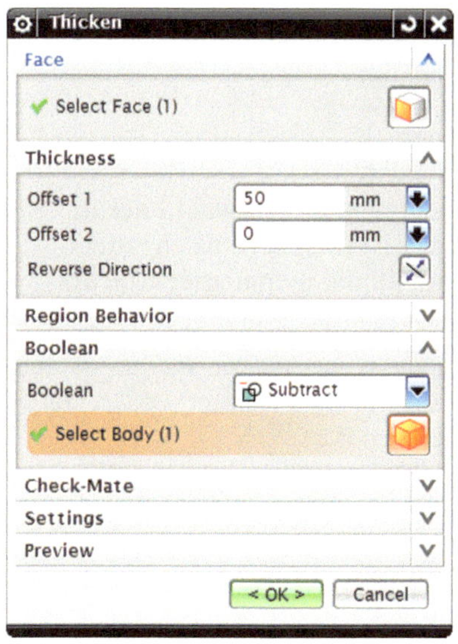

Bild 2-106 Thicken

Unter ‚**Select Face**' ist die zu verdickende Fläche auszuwählen. Unter ‚**Boolean**' müssen Sie die Einstellung auf **Subtract** setzen und den Volumenkörper für **Select Body** auswählen

Entnehmen Sie alle weiteren Einstellungen, wie die Richtung des Vektors und die Dicke der Fläche dem **Bild 2-107**. Nach dem Bestätigen mit OK ist noch die zuvor mit der Funktion **LAW EXTENSION** erzeugte Fläche sichtbar. Machen Sie diese durch Rechtsklick und **Hide** unsichtbar.

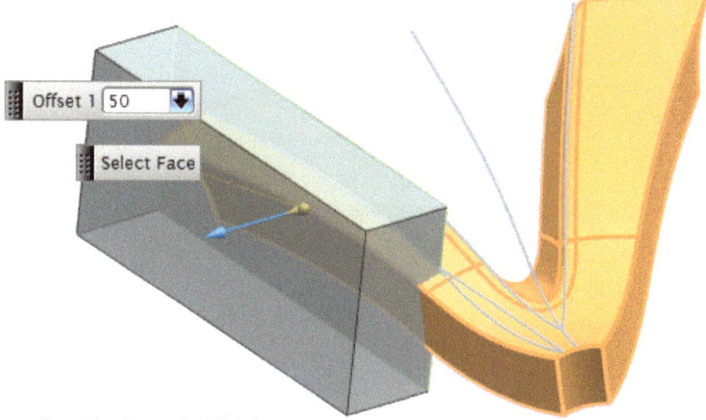

Bild 2-107 Aufdicken der Fläche mit Thicken

Das Ergebnis sollte nun wie folgt aussehen:

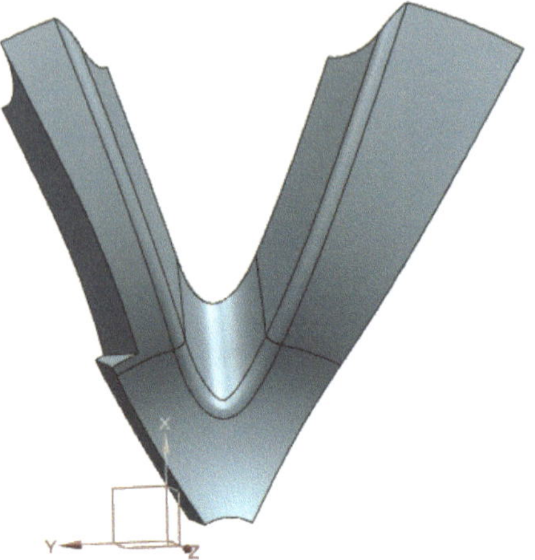

Bild 2-108 Ergebnis von Thicken

Um diesen Bearbeitungsschritt auch auf der rechten Seite der Speiche vorzunehmen, ist es einfacher die bereits bearbeitete Seite zu spiegeln. Dazu wird zuerst die unbearbeitete Hälfte mit **TRIM BODY [MENU > INSERT > TRIM > TRIM BODY]** geschnitten.

2.3.3 Trim Body

Unter **Target** ist die Speiche als zu trimmender Körper auszuwählen.

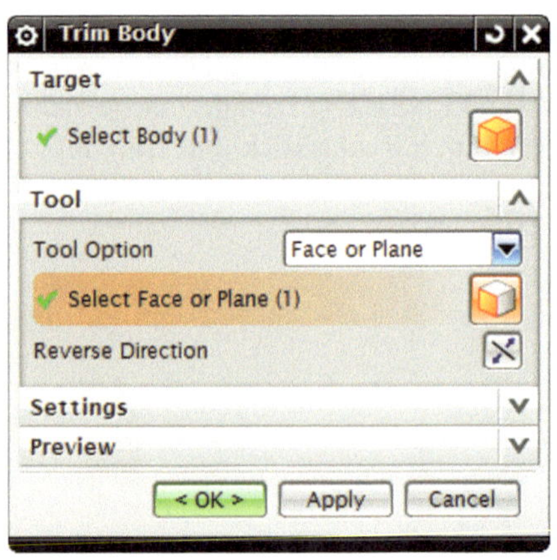

Bei ‚**Tool Option**' ist unter der Auswahl **Face or Plane** die **XZ-Ebene** am Hilfskoordinatensystem auszuwählen. Diese stellt die Symmetrieebene der Speiche dar und beschreibt die Schnittebene.

Achten Sie darauf, dass der Vektor in die richtige Richtung, nämlich in die der zu entfernenden Hälfte zeigt. Bestätigen Sie wieder mit **OK**.

Bild 2-109 Trim Body

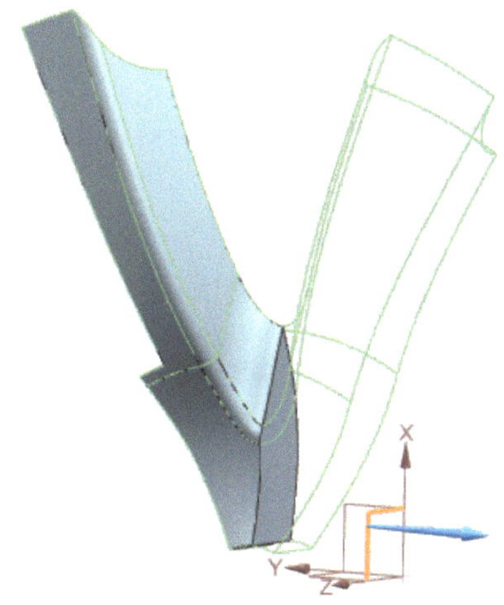

Bild 2-110 Trim Body mit Eingabeparametern

2.3.4 Mirror Geometry

Jetzt wird die andere Hälfte mit Hilfe der Funktion **MIRROR GEOMETRY [MENU>INSERT>ASSOCIATIVE COPY >MIRROR GEOMETRY]** gespiegelt.

Im Bereich ‚**Geometry to Mirror**‘ ist der zu spiegelnde Körper auszuwählen.

Für ‚**Specify Plane**‘ wählen sie die **XZ-Ebene**, welche die Spiegelachse darstellt.

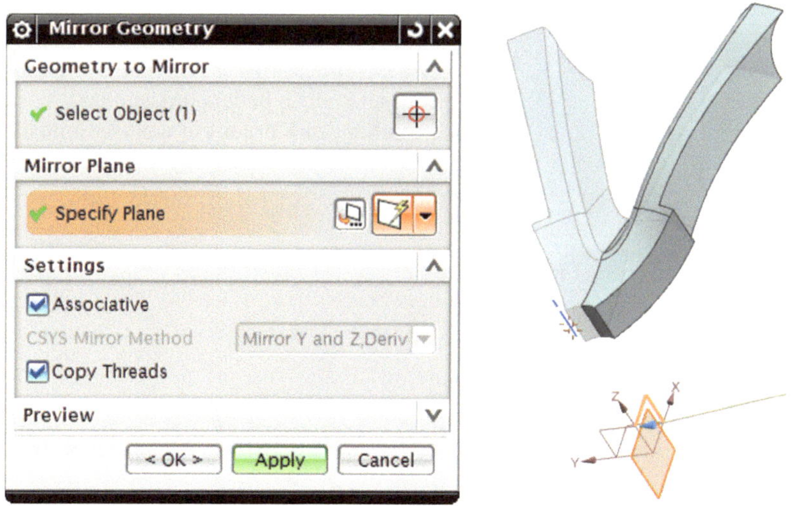

Bild 2-111 Spiegeln mit Mirror Geometry

2.3.5 Pattern Geometry

Im nächsten Schritt gilt es eine Hälfte des bearbeiteten Speichenabschnitts zu vervielfältigen.

Hierzu wird die Funktion **PATTERN GEOMETRY [MENU > INSERT > ASSOCIATIVE COPY > PATTERN GEOMETRY]** ausgewählt.

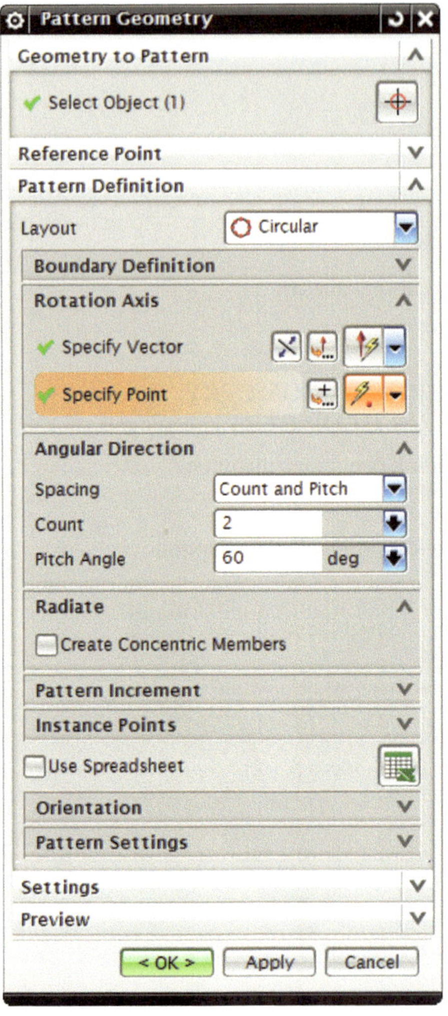

Als Erstes ist unter ‚**Geometry to Pattern**‘ der zu kopierende Teil der Speiche auszuwählen. In diesem Fall wurde die rechte Hälfte ausgewählt.

Nun ist unter ‚**Pattern Definition**‘ der **Layout** Typ auf **Circular** zu stellen.

Jetzt ist unter ‚**Rotation Axis**‘ bei **Specify Vector** die **Z-Achse** zu wählen.

Und anschließend unter **Specify Point** der Punkt, um welchen der Körper rotieren soll. Wählen Sie, wie im **Bild 2-113** zu sehen, den Koordinatenursprung aus.

Unter ‚**Angular Direction**‘ ist die Einstellung für **Count** auf zwei zu setzten. Die Einstellung Count bestimmt die Gesamtanzahl der Kopien der unter **Select Object** ausgewählten Geometrie inklusive des Originalkörpers. Wenn also die Einstellung auf 2 gesetzt wird, bedeutet das, dass zu dem bereits bestehenden Körper ein weiterer hinzukommt.

Bild 2-112 Pattern Geometry

Unter **Pitch Angle** wird der Winkel festgelegt, unter welchem die erzeugte Kopie eingefügt werden soll. Entnehmen Sie die Werte aus dem obigen **Bild 2-112** und bestätigen Sie dann mit OK.

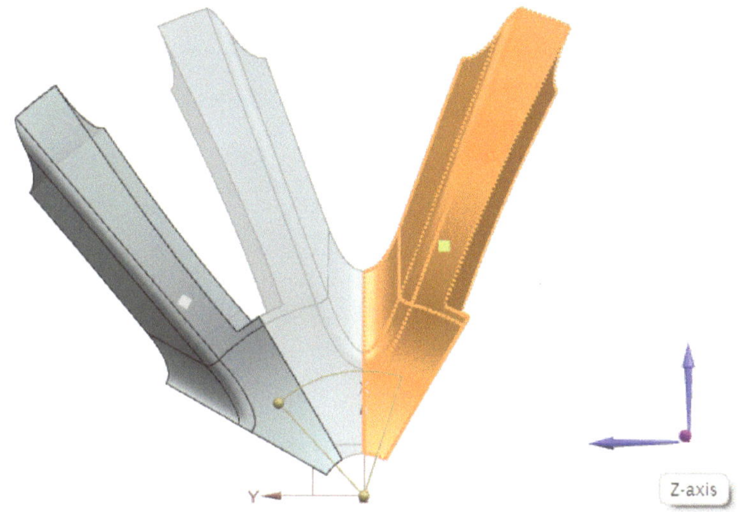

Bild 2-113 Ergebnis von Pattern Geometry

Die im **Bild 2-114** dargestellte Fläche zwischen den Streben der Speiche muss noch verrundet werden. Um ein besseres Ergebnis bei der Verrundung zu erreichen, muss die Fläche zuvor planiert werden.

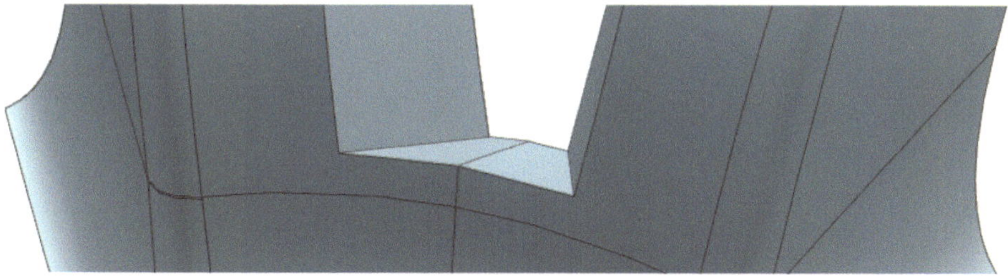

Bild 2-114 Fläche zwischen den Streben

Hierzu wird die Funktion **LINE [MENU > INSERT > CURVE > LINE]** benutzt.

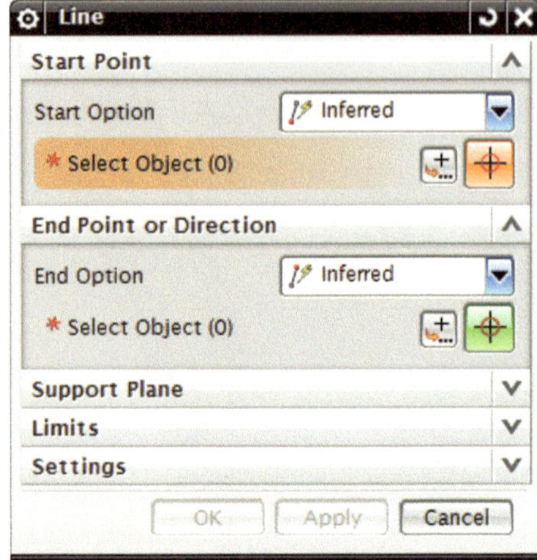

Bild 2-115 Line

Lassen Sie die Einstellung der Start Option auf **Inferred** und wählen Sie den Start- und End-punkt der Line wie in **Bild 2-116** dargestellt aus. Durch die Einstellung **Inferred** schlussfolgert das Programm automatisch die gewünschte Auswahlmethode.

Bestätigen Sie wieder mit **OK**.

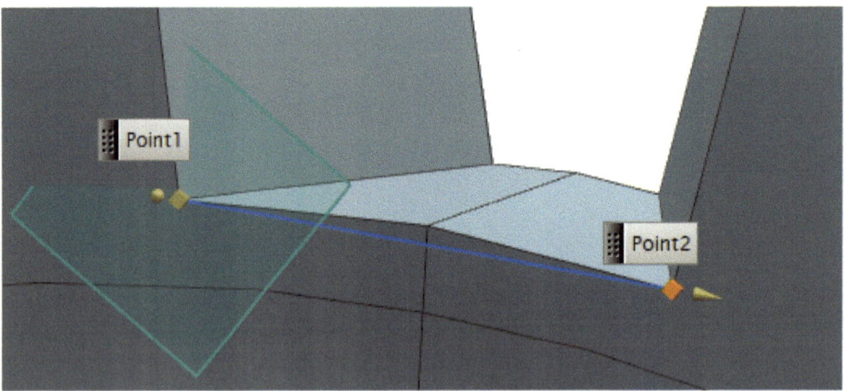

Bild 2-116 Auswahl des Start- und Endpunktes

Mit Hilfe der bereits zuvor angewandten Funktion **LAW EXTENSION [MENU > INSERT > FLANGE SURFACE > LAW EXTENSION]** ist es möglich aus der erstellten Line eine ebene Fläche zu erzeugen.

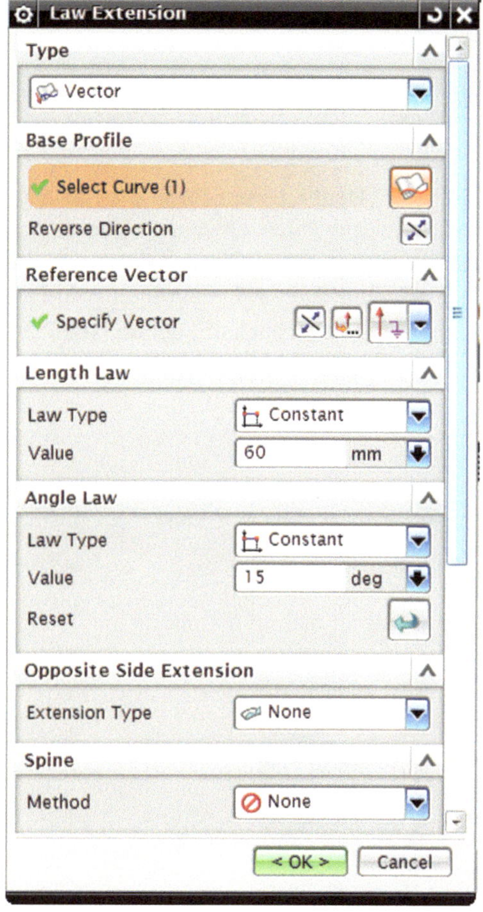

Stellen Sie den ‚**Type**' auf **Vector** und selektieren Sie unter Select **Curve** die Line.

Für **Specify Vector** wählen Sie die **Bild 2-117** gewählte Richtung.

Nun sind noch die Länge und der Winkel einzugeben. Entnehmen Sie diese Werte ebenfalls **Bild 2-117**.

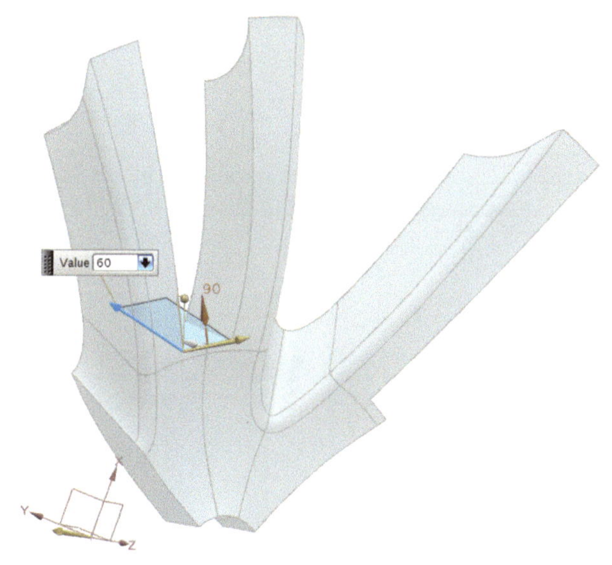

Bild 2-117 Erzeugen der ebenen Fläche

Bestätigen Sie Ihre Eingaben mit **OK**.

2.3.6 Replace Face

Mit Hilfe der Funktion **REPLACE FACE [MENU > INSERT > SYNCHRONOUS MODELING > REPLACE FACE]** wird die erzeugte Fläche als Referenzfläche zum Angleichen bzw. Planieren der Felgengeometrie verwendet.

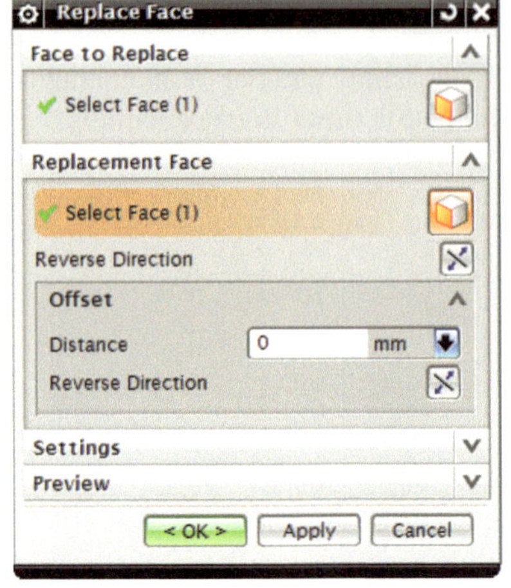

Unter dem Reiter ‚**Face to Replace**‘ ist die zu verändernde Fläche auszuwählen. In diesem Fall ist es die, wie im **Bild 2-119** zu sehen, grün markierte, schräge Fläche.

Anschließend ist unter ‚**Replacement Face**‘ die Bezugsfläche (rot markiert) auszuwählen, anhand welcher die Ausrichtung erfolgt. Hier ist die erzeugte Referenzenzfläche auszuwählen. Bestätigen Sie die Auswahl mit **Apply**.

Wiederholen Sie diesen Schritt auch mit der rechten Flächenhälfte.

Bild 2-118 Replace Face

Bild 2-119 Auswahl der Flächen

Das Ergebnis dieses Arbeitsschrittes sollte wie folgt aussehen:

Vorher:

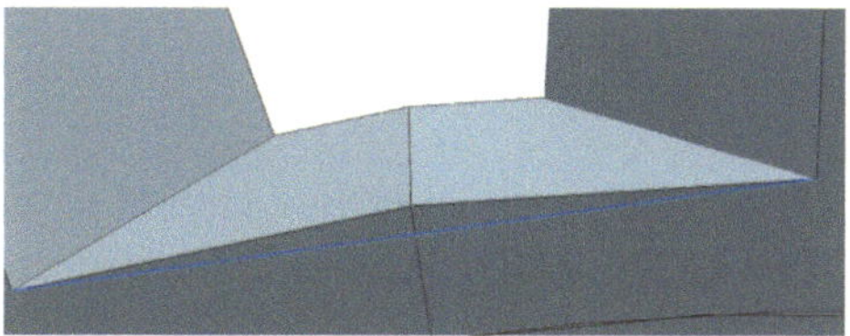

Bild 2-120 Vorderansicht vor der Bearbeitung

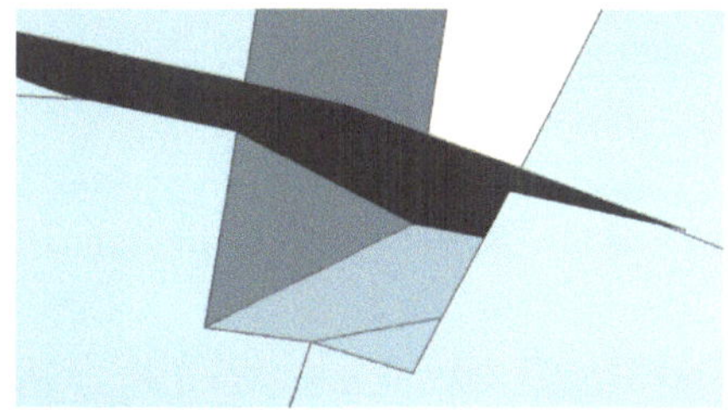

Bild 2-121 Hinteransicht vor der Bearbeitung

Nachher:

Bild 2-122 Vorderansicht nach der Bearbeitung

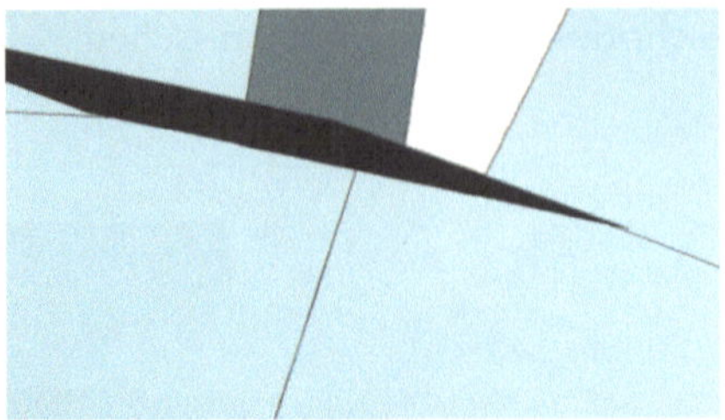

Bild 2-123 Hinteransicht nach der Bearbeitung

Jetzt können die erzeugte Line und die daraus generierte Referenzfläche durch Rechtsklick **Hide** unsichtbar gemacht werden.

Im nächsten Schritt werden die beiden Speichenhälften zu einem Körper mit Hilfe der Funktion **Unite [MENU > INSERT > COMBINE > UNITE]** vereint.

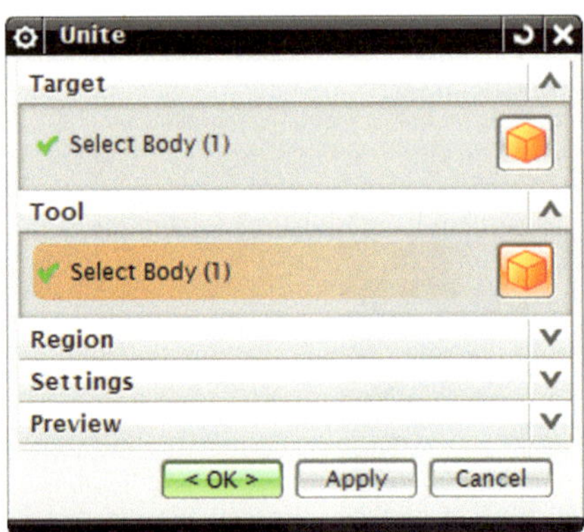

Bild 2-124 Unite

Wählen Sie für Target und Tool jeweils eine der beiden zu vereinenden Hälften aus und bestätigen Sie mit **OK**.

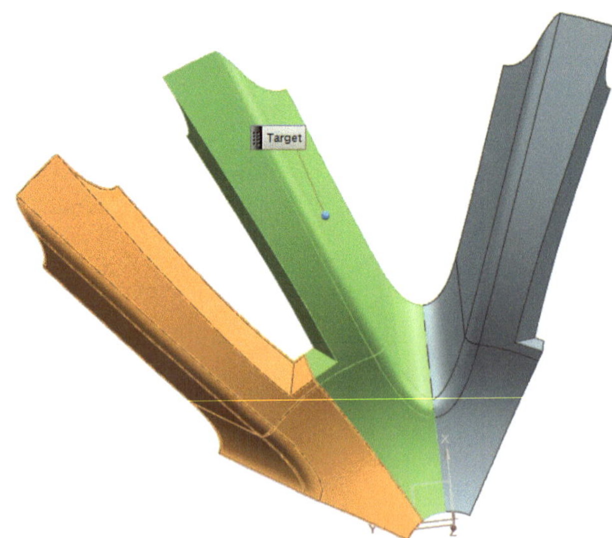

Bild 2-125 Auswahl für Target und Tool

2.3.7 Face Blend

Als Nächstes wird der zuvor planierte Bereich verrundet. Hierzu wird die Funktion **FACE BLEND [MENU > INSERT > DETAIL FEATURE > FACE BLEND]** angewendet.

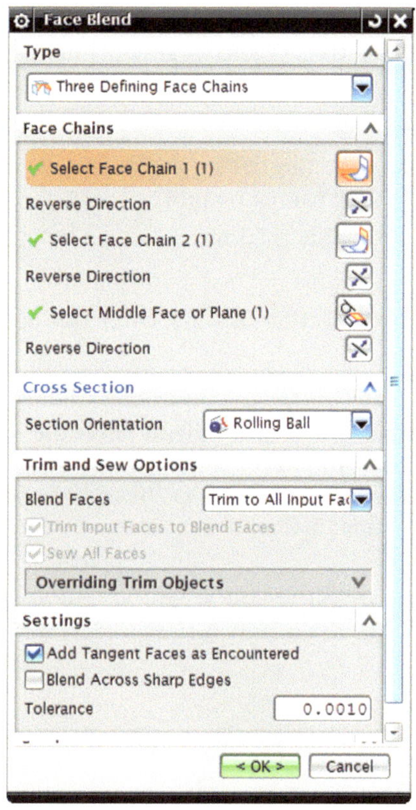

Bild 2-126 Face Blend Parameter

Zunächst muss unter ‚**Type**' die Einstellung auf **Three Defining Face Chains** gesetzt werden.

Als Nächstes muss die zu verrundende Fläche unter **Select Middle Face or Plane** und die Begrenzungen der Verrundung unter **Face Chain 1** beziehungsweise **Face Chain 2** ausgewählt werden. Gehen Sie dabei nach dem **Bild 2-127** vor. Achten Sie darauf, dass die Richtung der Vektoren aus der Fläche hinaus in den Radiusmittelpunkt zeigt. Bei Bedarf ist die Richtung der Vektoren durch einen Klick auf **Reverse Direction** zu ändern.

Unter ‚**Trim and Sew Options**' ist bei dem Reiter **Blend Faces** die Einstellung auf **Trim to All Input Faces** zu setzten. Diese bewirkt eine Trimmung der Rundung in ihrer Länge bündig zur Vorder- und Rückseite der Speiche.

Bestätigen Sie mit **OK**.

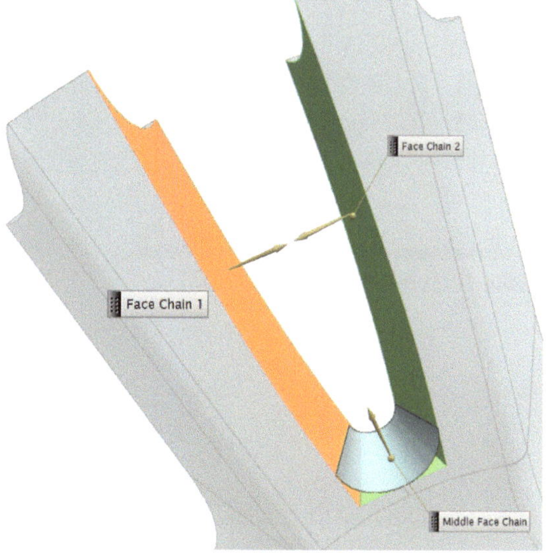

Bild 2-127 Face Blend

Um jetzt noch die Kanten der Speiche zu verrunden, wird die Funktion **AESTHETIC FACE BLEND [MENU > INSERT > DETAIL FEATURE > AESTHETIC FACE BLEND]** verwendet.

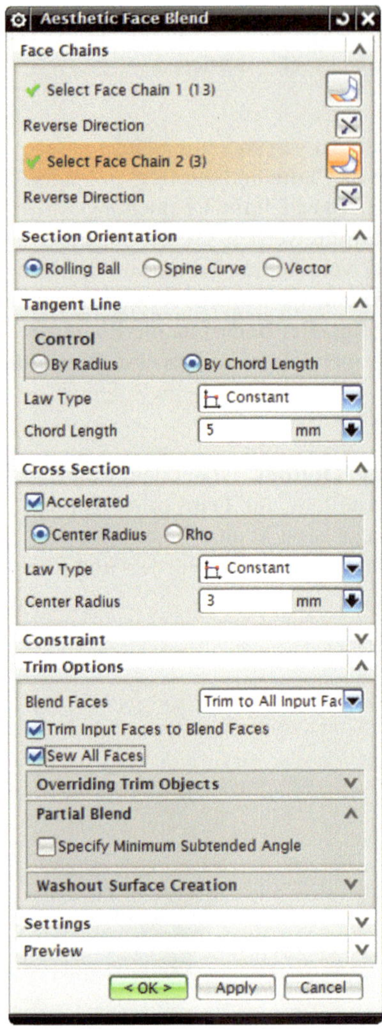

Bild 2-128 Aesthetic Face Blend

Unter dem Reiter ‚**Face Chain 1**' und ‚**Face Chain 2**' sind wie im **Bild 2-129** dargestellt die Oberfläche (grün dargestellt) und die Innenfläche (gelb dargestellt) auszuwählen.

Setzen Sie anschließend die Einstellung unter ‚**Target Line**' bei **Control** auf „**By Chord Length**".

Die **Chord Length** setzen Sie auf **5** mm.

Unter dem Reiter ‚**Cross Section**' ist ein **Center Radius** von **3** mm einzugeben.

Zuletzt muss unter **Trim Options** bei **Blend Faces** die Einstellung auf **Trim to All Faces** gesetzt werden. Setzen Sie danach bei „**Trim Input Faces to Blend Faces**" und „**Sew All Faces**" einen Haken.

Bestätigen Sie wieder mit **OK**.

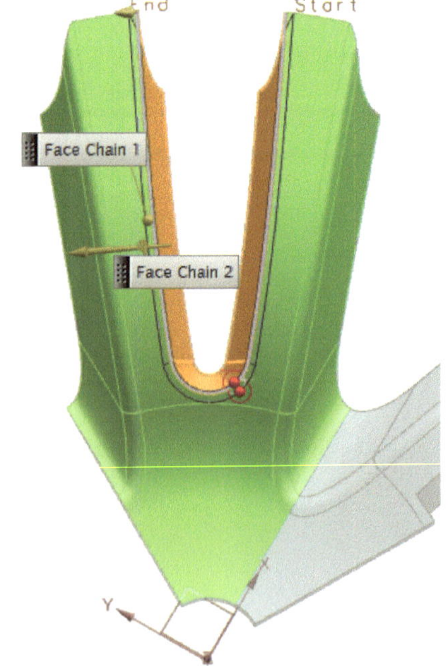

Bild 2-129 Aesthetic-Face-Blend-Auswahl für Face Chain

Der Vorteil der **Aesthetic-Face-Blend**-Funktion gegenüber der **Edge-Blend**-Funktion ist, dass die Verrundung der Fläche mit optisch gleichbleibendem Radiusverlauf erfolgt. Mit **Edge Blend** ist der Radiusverlauf eher ungleichmäßig, wobei das natürlich nur eine optische Wahrnehmung ist.

INFO: Würde man die beiden Radien analysieren, wäre das Ergebnis, dass der **Edge Blend** einen konstanten Wert über den ganzen Verlauf aufweist, wobei der **Aesthetic Face Blend** über den ganzen Verlauf einen variablen Wert aufweist.

Aesthetic Face Blend

Edge Blend

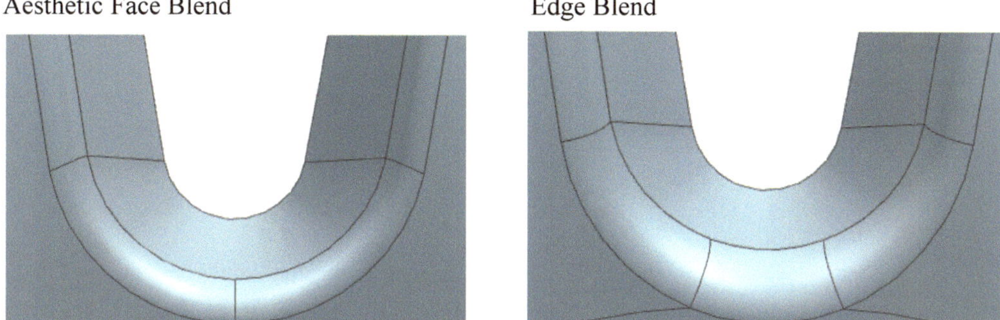

Bild 2-130 Verrunden Aesthetic Face Blend vs Edge Blend

Nach diesem Schritt ist die Geometrie des Felgenabschnittes soweit fertig bearbeitet. Machen Sie den rechten Teil der Felge (im **Bild 2-131** gelb markiert) per Rechtsklick und **Hide** unsichtbar. Dieser wird in den folgenden Arbeitsschritten nicht gebraucht.

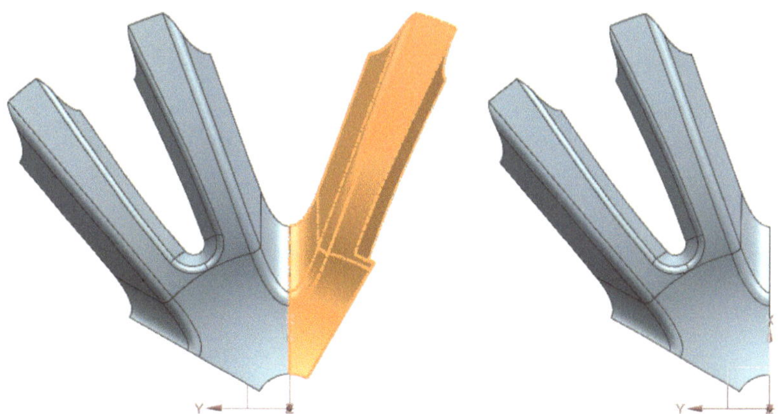

Bild 2-131 Rechter Teil der Felge markiert und ausgebildet

Abschließend wird mittels Vervielfältigen des Speichenabschnittes die fertige Vorderseite der Felge erzeugt. Öffnen Sie dazu die Funktion **PATTERN GEOMETRY [MENU > INSERT > ASSOCIATIVE COPY > PATTERN GEOMETRY]**

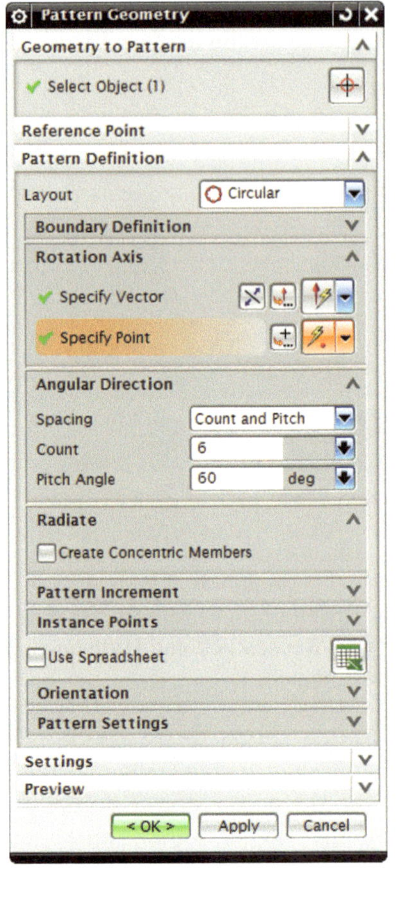

Wählen Sie als erstes im Untermenü ‚**Geometry to Pattern**'den Volumenkörper des Speichenabschnittes aus.

Im Untermenü ‚**Pattern Definition**' muss die **Layout** Einstellung auf **Circular** gesetzt werden.

Jetzt wählen Sie noch die Richtung des Vektors unter ‚**Specify Vector**' und den Drehpunkt der Rotation bei **Specify Point** aus. Wählen Sie für den Vektor die **Z - Achse** wie im **Bild 2-132** dargestellt.

Die Werte für Count und Pitch Angle entnehmen Sie der Abbildung links.

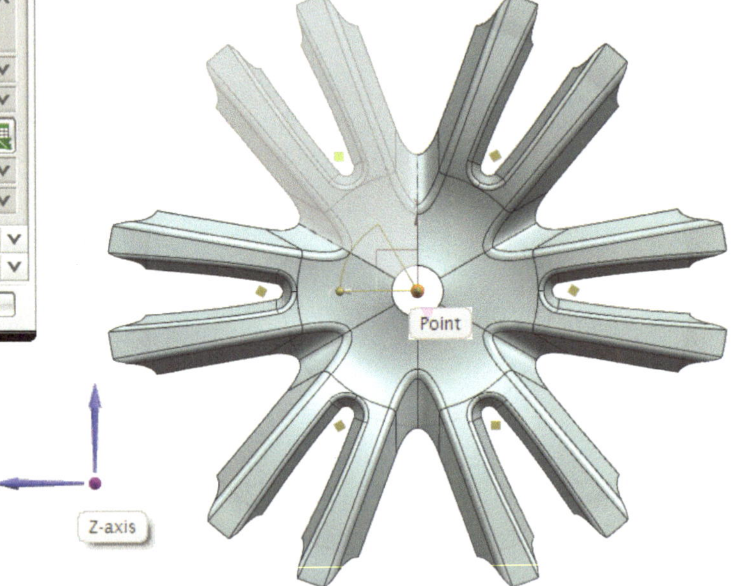

Bild 2-132 Auswahl der Pattern Geometry Parameter

2.3.8 Unite – Verschmelzen der Speichen

Um die einzelnen Kopien des Speichenabschnittes miteinander zu vereinen, wird die Funktion **UNITE [MENU > INSERT > COMBINE > UNITE]** verwendet.

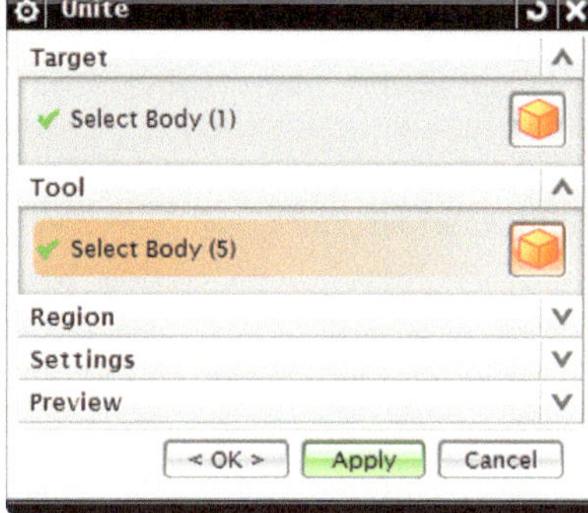

Wählen Sie zunächst einen beliebigen der sechs Körper als ‚**Target**' aus und selektieren Sie anschließend die restlichen fünf Körper unter ‚**Tool**'. Bestätigen Sie mit **OK**.

Bild 2-133 Unite

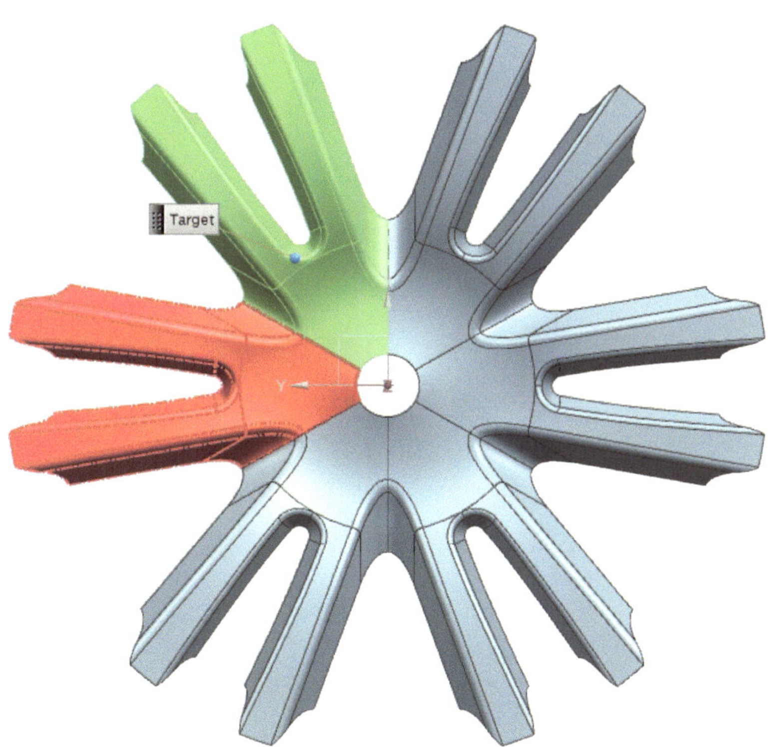

Bild 2-134 Auswahl für Target und Tool

Jetzt wird noch der Felgenring mit den Speichen verbunden.

Hierzu machen Sie zunächst den Felgenring (Revolve6) im Part Navigator per Rechtsklick sichtbar.

Erneut wird die Funktion **UNITE [MENU > INSERT > COMBINE > UNITE]** angewendet, um die Speichen mit dem nun sichtbaren Felgenrand zu vereinen.

Bild 2-135 Unite

Wählen Sie wie im **Bild 2-136** dargestellt für ‚**Target**' die Speichen (grün markiert) aus.

Wechseln Sie dann zu dem Reiter ‚**Tool**' und wählen den Felgenring (gelb markiert) aus.

Bestätigen Sie mit **OK**.

Bild 2-136 Auswahl für Target und Tool

Jetzt müssen die Verbindungsstellen zwischen dem Felgenring und den Speichen mit **EDGE BLEND [MENU > INSERT > DETAIL FEATURE > EDGE BLEND]** verrundet werden.

Stellen Sie wie im **Bild 2-137** zu sehen, den Radius auf 4 mm ein. Selektieren Sie anschließend alle zu verrundenden Kanten. Die Anzeige sollte wie im **Bild 2-138** aussehen.

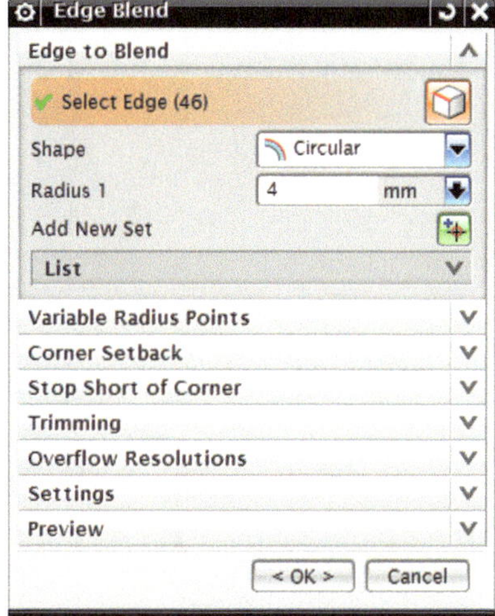

Bild 2-137 Edge Blend

Bild 2-138 Auswahl der Kanten für Select Edge

Bestätigen Sie die Eingabe mit **OK**.

Im letzten Schritt werden noch die Senkbohrungen für die Felgenschrauben erzeugt. Dazu wird mit Hilfe der Funktion **SHOW [STRG+SHIFT+K]** die Schraubenvorlage aus der anfänglichen Felgenvorlage ausgewählt und geladen.

Es öffnet sich das Fenster **CLASS SELECTION.**

Wählen Sie die im **Bild 2-139** farbig hervorgehobene Schraubenvorlage aus.

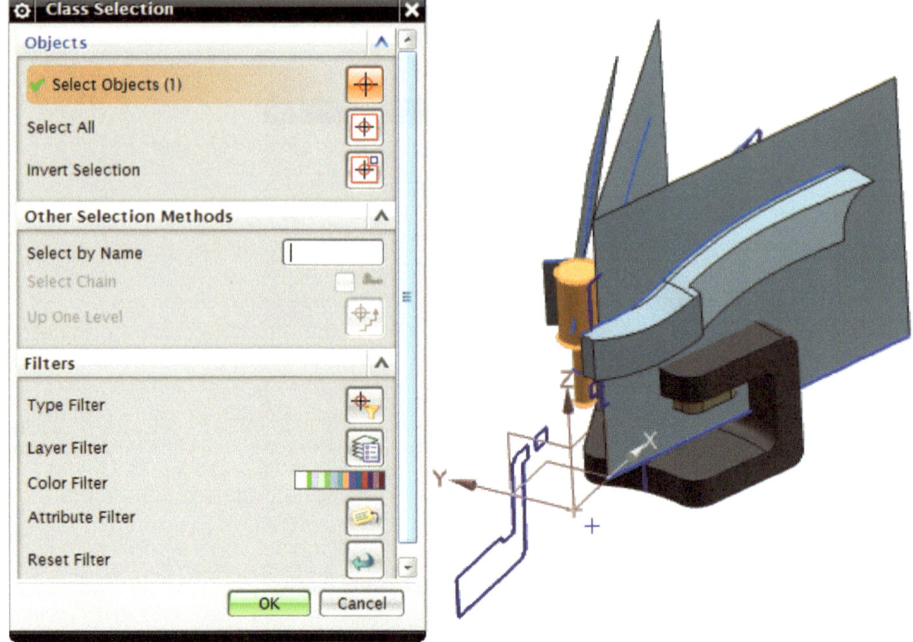

Bild 2-139 Class Selection – Auswahl der Schraubenvorlage

Die Anzeige sollte wie im **Bild 2-140** aussehen:

Bild 2-140 Hinzufügen der Schraubenvorlage

Nun wird mit Hilfe der Funktion **PATTERN GEOMETRY [MENU > INSERT > ASSOCIATIVE COPY > PATTERN GEOMETRY]** die Schraubenvorlage wie im **Bild 2-142** gezeigt vervielfältigt.

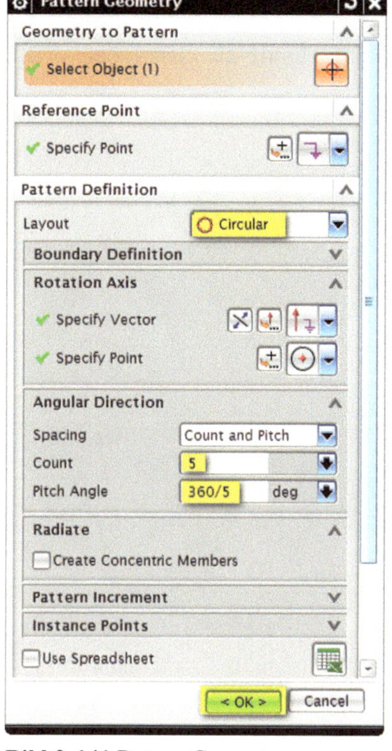

Bild 2-141 Pattern Geometry

Wählen Sie dazu im Untermenü ‚**Geometry to Pattern**‘ die Schraubenvorlage aus. Das zweite Untermenü ‚**Reference Point**‘ sollte nun automatisch den Mittelpunkt der Schraubenvorlage selektieren. Falls dies nicht der Fall ist, korrigieren Sie bitte die Auswahl.

Stellen Sie sicher, dass im Untermenü ‚**Pattern Definition**‘ die im **Bild 2-141** gelblich hervorgehobenen Angaben ausgewählt und eingetragen sind. Als ‚**Rotation Axis**‘ sollte die **Z-Achse** ausgewählt sein. Als **Rotationspunkt** muss hier der Ursprung ausgewählt werden.

Bild 2-142 Ergebnis von Pattern Geometry

Bestätigen Sie die Eingaben mit **OK**.

2.3.9 Subtract – Erstellen der Schraubenlöcher

Als nächstes gilt es die Senkbohrungen zu erzeugen. Dazu wird die **SUBTRACT [MENU > INSERT > COMBINE > SUBTRACT]** Funktion benutzt. Es öffnet sich folgendes Fenster:

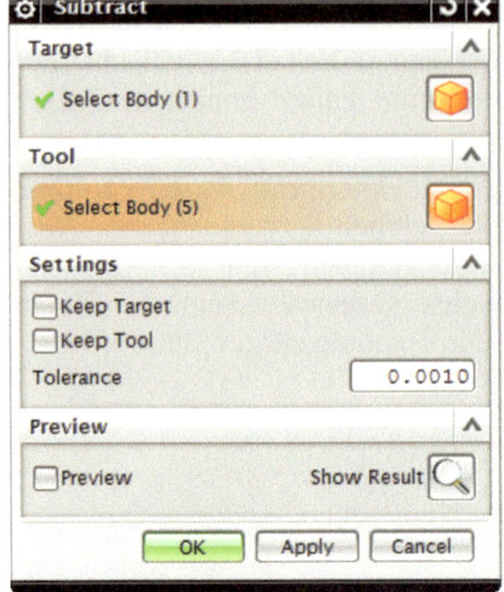

Bild 2-143 Subtract

Bild 2-144 Auswahl für Target und Tool

Im Untermenü ‚**Target**‘ wird die Felge ausgewählt, während im Untermenü ‚**Tool**‘ die Schraubenvorlage ausgewählt wird.

Bestätigen Sie die Eingabe mit OK. Es sollte wie im **Bild 2-145** aussehen:

Bild 2-145 Ergebnis von Subtract

2.3.10 Offset – Vergrößern der Senkung

Da die Senkungen noch etwas zu wenig gesenkt sind, soll nun mit der Funktion **OFFSET FACE [MENU > INSERT > OFFSET/SCALE > OFFSET FACE]** nachgebessert werden.

Dazu werden die zu senkenden Flächen, nämlich die eben erzeugten Senkungen, ausgewählt. Achten Sie bei der Auswahl darauf, dass die Offsetrichtung korrekt ausgewählt wird.

Bild 2-146 Offset Face

Bestätigen Sie die Auswahl mit **OK**.

Als Letztes werden die scharfen Außenkanten der Senkungen mit Hilfe der Funktion **EDGE BLEND** abgerundet. Wählen Sie als Radius den Wert **1** und bestätigen Sie die Auswahl mit **OK**.

Zur Befestigung der Felge auf der Bremsscheibe muss als Nächstes ein Flansch erstellt werden. Um den vorhandenen Abstand zwischen Felge und Bremsscheibe sehen zu können, drücken Sie die Tasten **STRG+H** gleichzeitig. Es öffnet sich das Fenster **VIEW SECTION**.

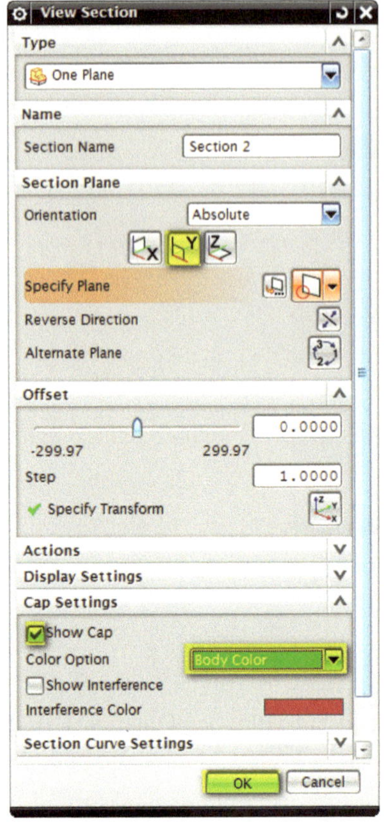

Die Felge sollte nun im Vollschnitt dargestellt werden. Die Ebene wird automatisch ausgewählt. Sie können jedoch auch wie im **Bild 2-147** dargestellt die Ebene selbst definieren. Im Untermenü ‚**Cap Settings**‘ setzen Sie den Haken bei ‚**Show Cap**‘ und wählen als ‚**Color Option**‘ „**Body Color**“ aus. Das hat zur Folge, dass die Querschnitte der Elemente in unterschiedlichen Farben dargestellt werden. Dies erleichtert die weiteren Arbeitsschritte.

Bestätigen Sie die Eingaben mit **OK**.

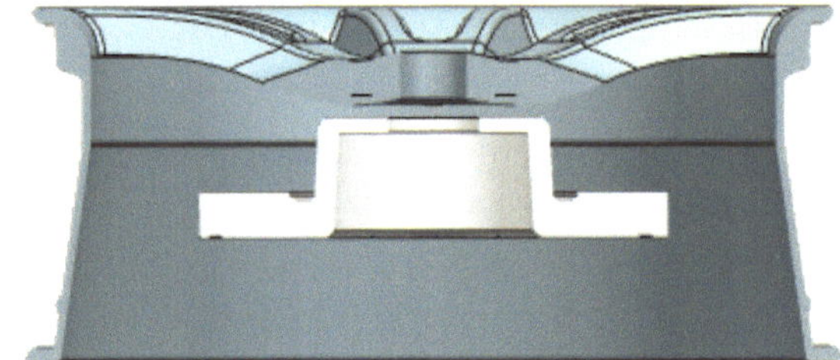

Bild 2-147 View Section

Bild 2-148 Halbschnitt Ansicht

Um wieder die ganze Felge anzuzeigen, gehen Sie auf **CLIP SECTION [MENU > VIEW > SECTION > CLIP SECTION]**. Die Aufgabe ist es nun, die Felge um die Höhe des Spaltes zu vergrößern, um einen Abschluss mit der Vorlage zu erreichen.

Blenden Sie dazu zunächst die Felge mit der **HIDE [STRG+B]** Funktion aus. Wählen Sie die **EXTRUDE**-Funktion aus und generieren Sie an der im **Bild 2-149** gezeigten Stelle einen **Extrude** mit den gezeigten Einstellungen.

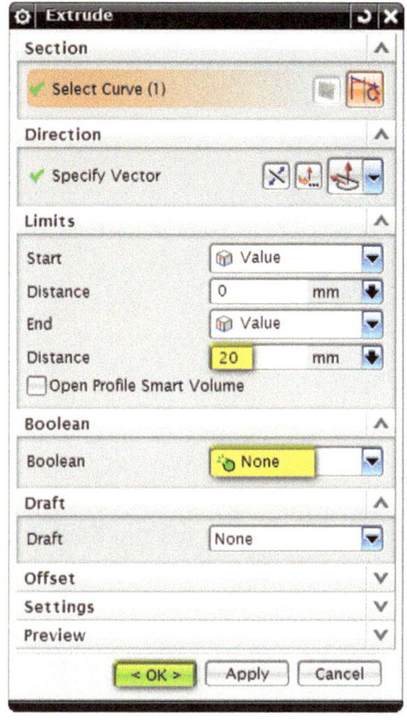

Selektieren Sie den inneren Kreis der Vorlage wie unten abgebildet und stellen Sie den Wert ‚**Distance**' auf **20** mm.

Achten Sie darauf, dass im Untermenü ‚**Boolean**' die Einstellung ‚**None**' ausgewählt ist.

Bestätigen Sie die Eingaben mit **OK**.

Bild 2-149 Erzeugter Extrude

Bild 2-150 Extrude

Der erzeugte Zylinder soll mit Hilfe der Funktion **OFFSET FACE [MENU > INSERT > OFFSET/SCALE > OFFSET FACE]** auf den richtigen Außendurchmesser gebracht werden.

Dazu wird die zuvor ausgeblendete Felge mit Hilfe der Funktion **SHOW [MENU > EDIT > SHOW AND HIDE > SHOW]** wieder sichtbar gemacht, während die Vorlage mit Hilfe der **HIDE**-Funktion ausgeblendet wird.

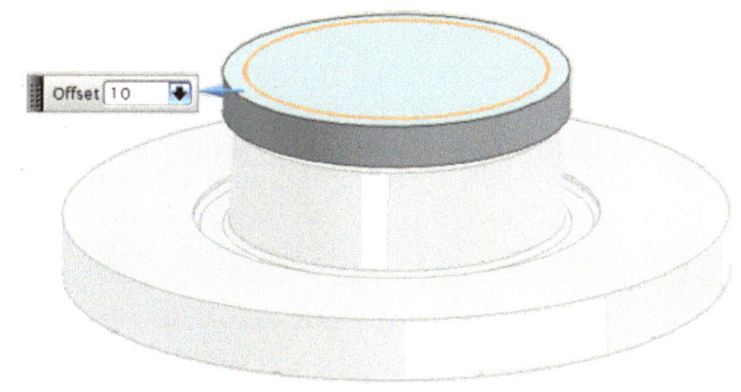

Bild 2-151 Offset Face

Wechseln Sie nun wieder in den Vollschnittmodus. Die Anzeige sollte folgendermaßen aussehen:

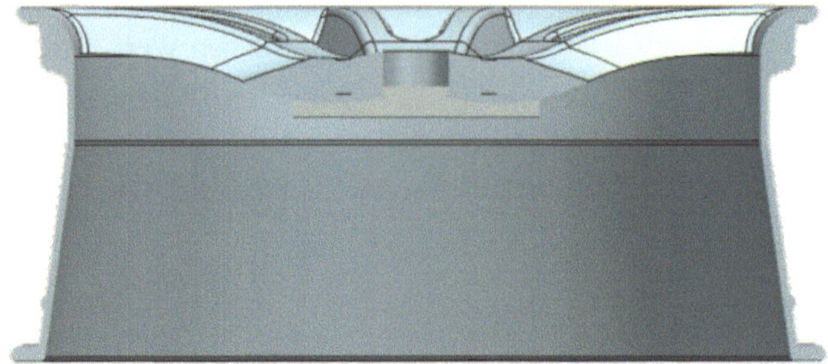

Bild 2-152 Vollschnitt

Das Ziel ist es den erzeugten Zylinder mit der Felge zu vereinen. Dazu nutzen wir die Funktion
UNITE [MENU > INSERT > COMBINE > UNITE].

Als ‚**Target**‘ wird die Felge und als ‚**Tool**‘ der neu erzeugte Zylinder ausgewählt.

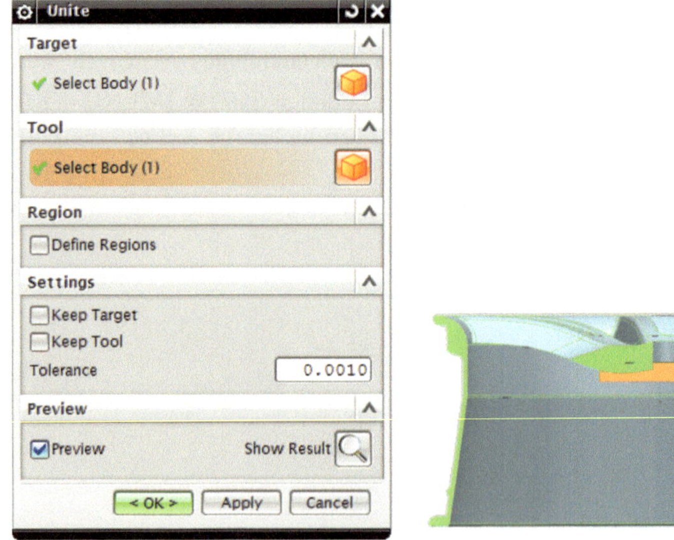

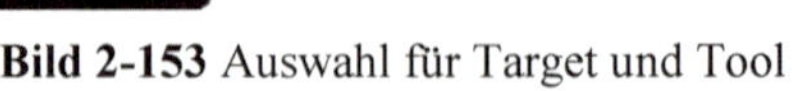

Bild 2-153 Auswahl für Target und Tool

Bestätigen Sie mit **OK**.

Jetzt sollte der Zylinder eins mit der Felge sein. Dies kann auch anhand der gleichen Farbe erkannt werden.

Abschließend wird noch ein **EDGE BLEND [MENU > INSERT > DETAIL FEATURE > EDGE BLEND]** an der im **Bild 2-154** farbig markierten Stelle eingefügt.

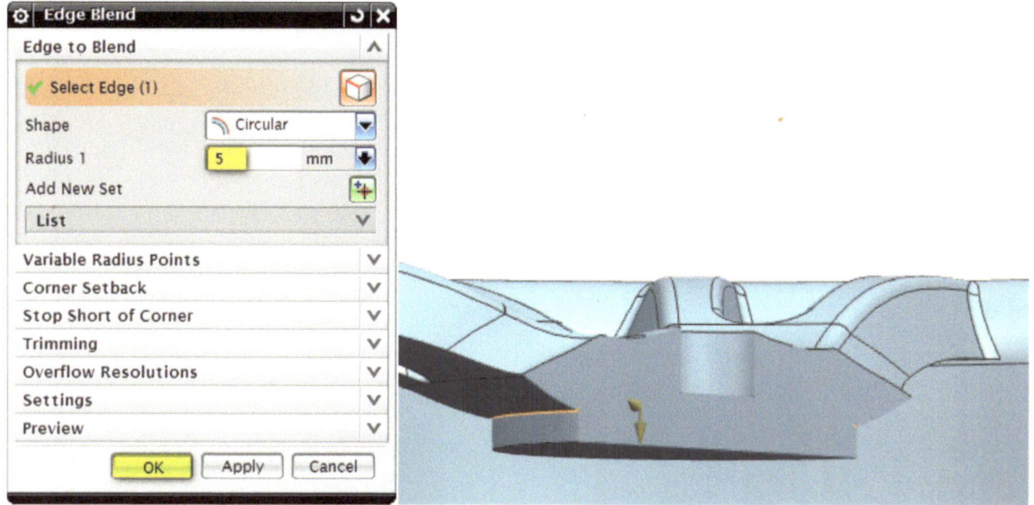

Bild 2-154 Markierung für Edge Blend

Bestätigen Sie die Eingaben mit **OK**.

Wechseln Sie wieder in die normale Ansicht, indem Sie die Funktion **CLIP SECTION** wieder ausschalten. Machen Sie die Vorlage mit Hilfe der **SHOW**-Funktion wieder sichtbar. Sie werden merken, dass die Bohrlöcher nicht mehr komplett durchgehend sind. Dieses Problem lässt sich sehr schnell im Part Navigator beheben. Dazu müssen die eben erzeugten Features in ihrer Reihenfolge vor das **PATTERN FEATURE** der Bohrungen verschoben werden.

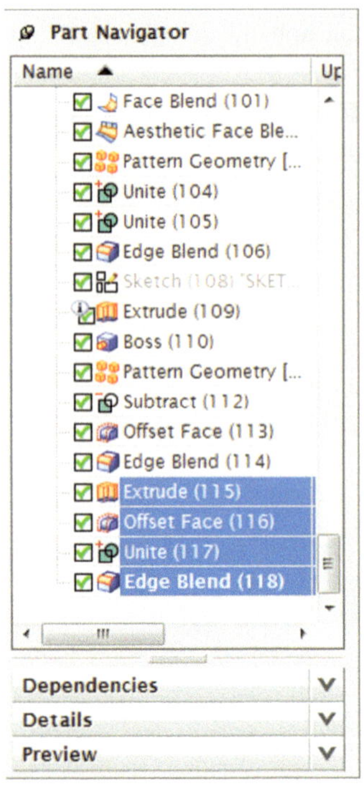

Bild 2-155 Part Navigator

Selektieren Sie im Part Navigator den zuvor erzeugten **EXTRUDE** mit der linken Maustaste. Drücken Sie nun die Umschalttaste und selektieren gleichzeitig das letzte Feature im Part Navigator wieder mit der linken Maustaste. Sie sehen nun, dass alle Features zwischen Ihrer Erst- und Letztauswahl selektiert wurden.

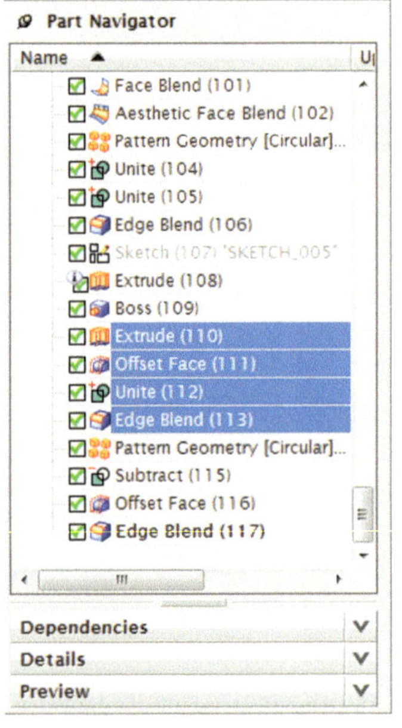

Bild 2-156 Part Navigator – 2

Ziehen Sie nun die selektierten Features vor das **PATTERN GEOMETRY** Feature. Nun sollte die Auswahl in folgender Reihenfolge erscheinen und gleichzeitig die Bohrungen wieder durchgehend sein.

Die fertige Felge sollte nun nach dem Wechsel der Ansicht auf ‚**Shaded**' wie im **Bild 2-157** aussehen:

Bild 2-157 Fertige Felge

3 Produktmodellierung mit NX 9 – Computermaus

In diesem Kapitel erfahren Sie, wie eine vorhandene Handskizze in NX 9 eingebunden und in ein CAD-Modell umgesetzt werden kann. Dabei wird Ihnen Grundlagenwissen der Freiformflächenmodellierung vermittelt und gleichzeitig die Möglichkeit der direkten Umsetzung geboten.

3.1 Arbeitsvorbereitung

Um ein effizienteres Arbeiten mit NX 9 gewährleisten zu können, müssen vor Beginn der Modellierung einige Einstellungen vorgenommen werden. Dazu wird zunächst das Programm Siemens NX 9 gestartet.

3.1.1 Rollendefinition

Um die gewünschten Funktionen von NX 9 benutzen zu können, wird unter dem Reiter **ROLES** die Rollendefinition **ADVANCED** ausgewählt.

Bild 3-1 Rollendefinition

3.1.2 Toleranzen einstellen

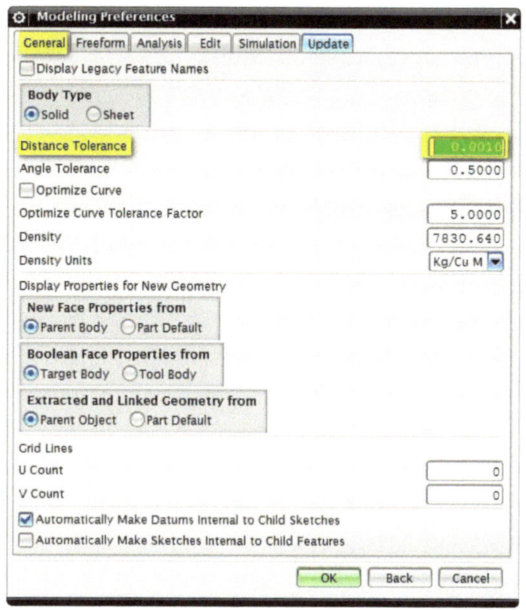

Bevor mit dem Modellieren begonnen werden kann, müssen noch die Toleranzen eingestellt werden. Diese sind unter **[MENU > PREFERENCES > MODELING]** zu finden. Die **DISTANCE TOLERANCE** wird mit dem Wert **0.001** definiert.

Bild 3-2 Toleranzeinstellungen

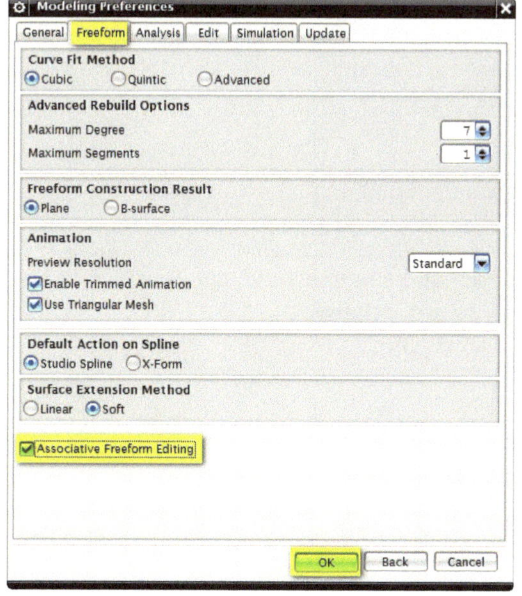

Des Weiteren sollte überprüft werden, ob unter dem Reiter **FREEFORM** der Haken bei **ASSOCIATIVE FREEFORM EDITING** gesetzt ist. Falls dies nicht der Fall ist, korrigieren Sie bitte die Auswahl und bestätigen mit **OK**.

Bild 3-3 Toleranzeinstellungen – 2

3.1.3 Fadenkreuz

Eine sehr hilfreiche Funktion im Modellieren mit NX ist das ‚Crosshair' (Fadenkreuz). Aktivieren kann man es unter **FILE > ALL PREFERENCES > SELECTION** oder über die Tastenkombination **[STRG+SHIFT+T]**. Es öffnet sich das Fenster **SELECTION PREFERENCES** in welchem man im Untermenü **CURSOR** den Haken bei **SHOW CROSSHAIRS** setzt.

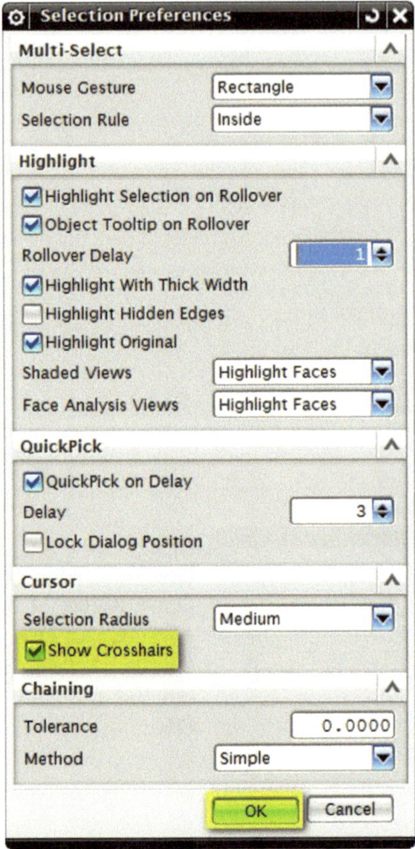

Bild 3-4 Fadenkreuz einstellen

Die Eingaben werden mit **OK** bestätigt.

3.1.4 Skizze einbinden

Um die vorhandene Handskizze in NX 9 einzubinden, wird zunächst eine neue Datei mit dem Namen **COMPUTERMAUS.PRT** erstellt. Als Nächstes wird die Funktion **RASTER IMAGE [MENU > INSERT > DATUM/POINT > RASTER IMAGE]** aufgerufen.

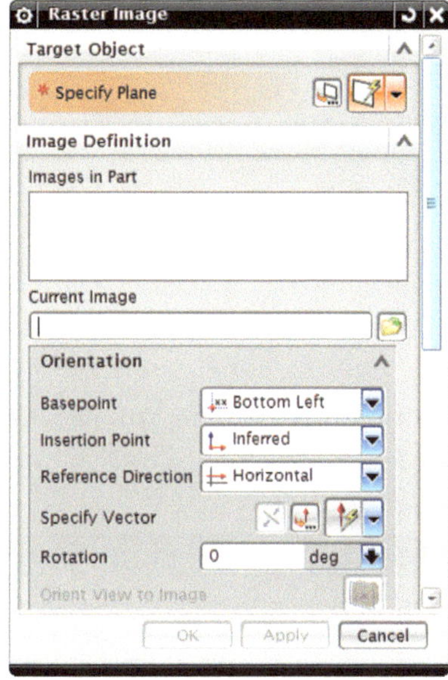

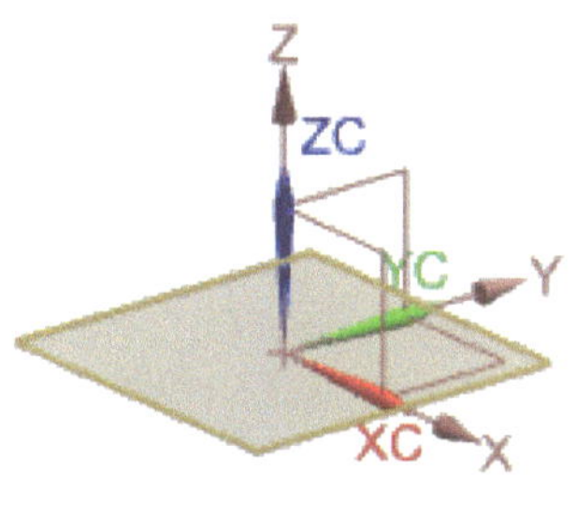

Als Erstes werden Sie aufgefordert, die Ebene auszuwählen, in die die Handskizze geladen werden soll. In diesem Beispiel soll die **XY–Ebene** ausgewählt werden. Selektieren Sie dazu die im **Bild 3-5** dargestellte Ebene des angezeigten DCS.

Bild 3-5 Raster-Image-Funktion

Im nächsten Schritt wird im Untermenü ‚**IMAGE DEFINITION**‘ unter **Current Image** der Pfad zur Handskizze angegeben. Klicken Sie dazu auf die rechte Schaltfläche und wählen die vorgegebene Handskizze **Maus.tif** aus. Achten Sie dabei darauf, dass der korrekte Dateityp eingestellt ist, da ansonsten die Handskizze nicht angezeigt wird.

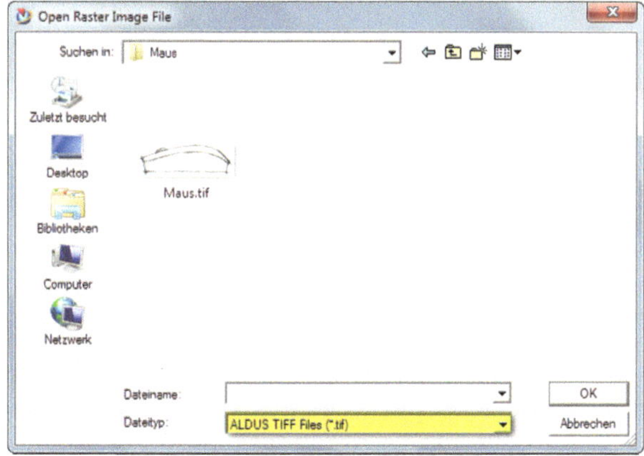

Bild 3-6 Open Raster Image File

Nach Bestätigen mit **OK** wird die Skizze in die entsprechende Ebene geladen. Nun soll die Größe der Skizze an die gewünschten Abmessungen angepasst werden. Dazu wird im Untermenü ‚**SIZE**' die Höhe und die Breite wie unten abgebildet verändert. Ändern Sie die Höhe auf **50** mm. Die Breite wird automatisch angepasst.

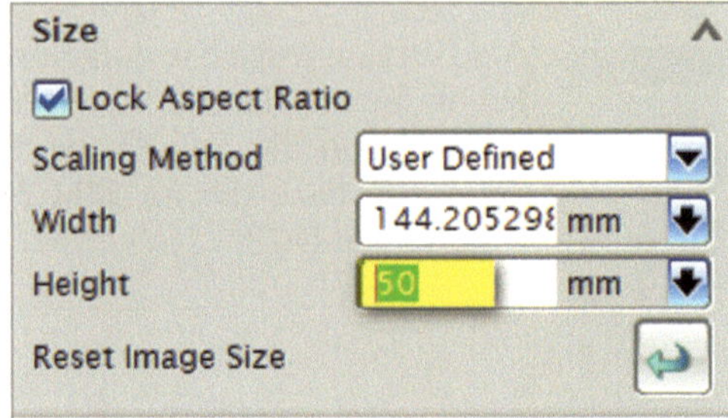

Bild 3-7 Raster Image Size

Bestätigen Sie die Eingaben mit **OK.** Richten Sie die Ansicht auf die **XY-Ebene** aus. Die Anzeige sollte nun wie im **Bild 3-8** aussehen.

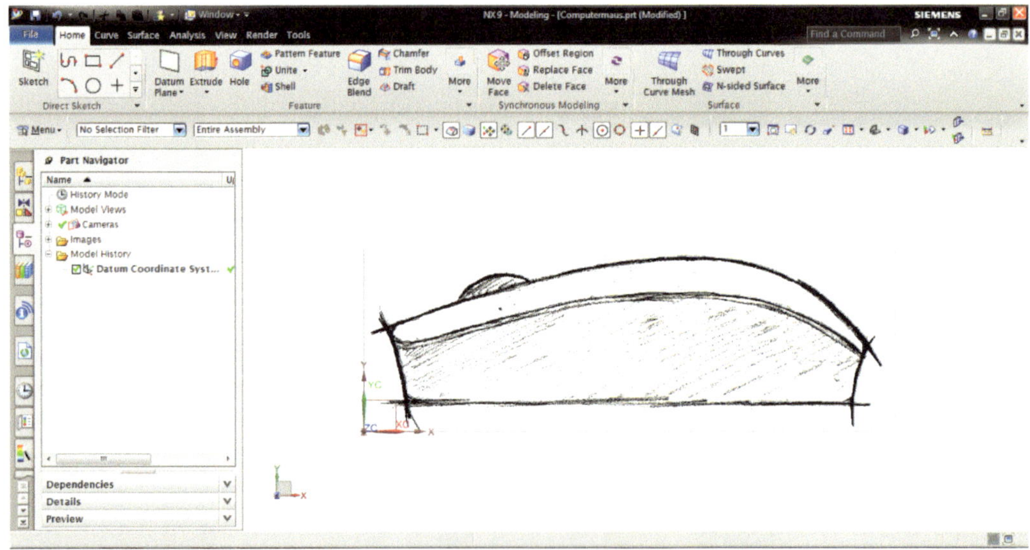

Bild 3-8 Gesamtanzeige

Was die Arbeitsvorbereitung betrifft, hat jeder Anwender individuelle Vorlieben. Je nach Bedarf, kann die Werkzeugleiste im weiteren Verlauf dieser Anleitung nach individuellen Vorlieben ergänzt bzw. verändert werden. Die hier beschriebene Einstellung stellt lediglich eine Möglichkeit dar.

3.2 Modellieren der Maus

3.2.1 Studio Spline

Nach erfolgreicher Arbeitsvorbereitung kann mit der Modellierung der Computermaus begonnen werden. Dazu wird im ersten Schritt die obere Kontur der Maus durch einen Spline nachgebildet. Mit Hilfe der Funktion **STUDIO SPLINE [MENU > INSERT > CURVE > STUDIO SPLINE]** wird der erforderliche Spline erstellt.

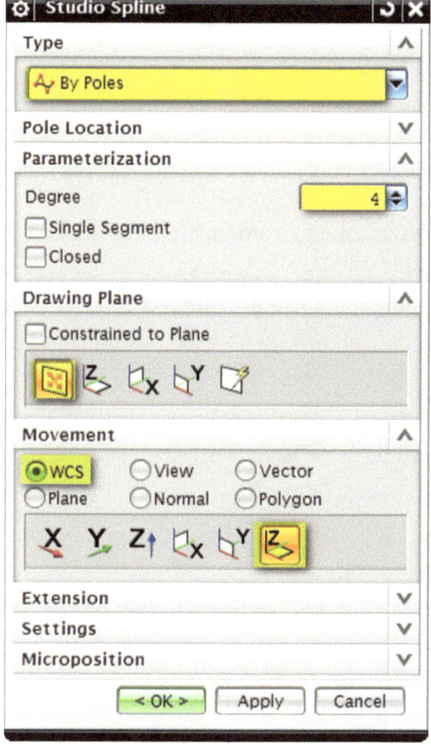

Bild 3-9 Studio Spline

Um den Spline so genau wie möglich an die Kontur der Handskizze annähern zu können, wird der zu erstellende Spline von Polpunkten abhängig gemacht.

Im Untermenü ‚**PARAMETERIZATION**' wird der Wert ‚**DEGREE**' auf **4** gesetzt. Somit hängt der Spline von 5 Polpunkten ab und kann durch diese verschoben und angepasst werden.

Die ‚**DRAWING PLANE**' wird wie links dargestellt auf ‚**VIEW**' gesetzt.

Die Auswahl im Untermenü ‚**MOVEMENT**' kann entweder manuell wie im **Bild 3-9** abgebildet erfolgen oder aber auch direkt in der Ansicht durch die Auswahl der im **Bild** 3-10 gezeigten Ebene ausgewählt werden. Diese Auswahl bietet den Vorteil, dass nun alle gesetzten Polpunkte nur in die ausgewählte Ebene gesetzt und nur in dieser Ebene verschoben werden können.

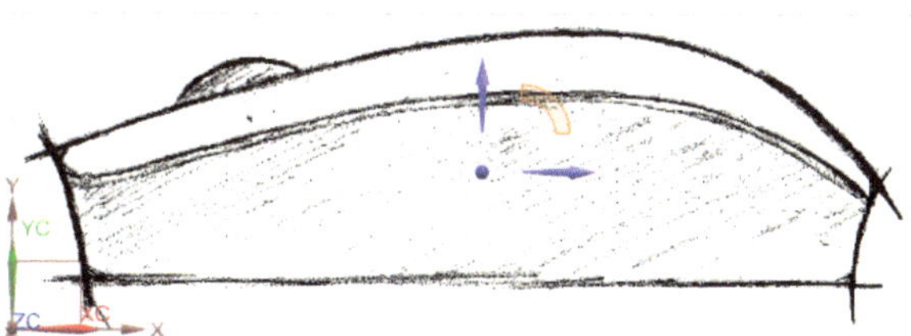

Bild 3-10 Auswahl – ‚Movement'

Jetzt kann mit dem Setzen der Polpunkte entlang der oberen Kontur begonnen werden. Dazu werden die Polpunkte zunächst grob über der Kontur verteilt. Den Anfangspunkt und den weiteren Verlauf der Polpunkte können Sie den folgenden Bildern entnehmen.

Der erste Polpunkt wird an den Anfang der oberen Kontur gesetzt.

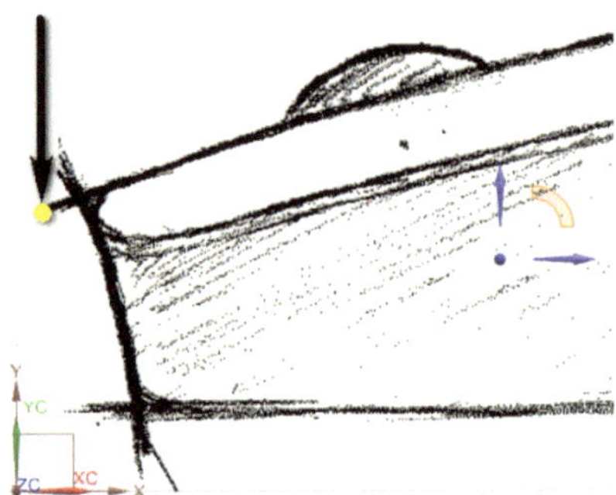

Bild 3-11 Erster Polpunkt

Kurzer Hinweis: Auch wenn Sie ‚**DEGREE**' auf 4 gesetzt haben, werden Sie aufgefordert 5 Polpunkte zu setzen, um einen Spline erstellen zu können.

Nach grober Verteilung der Polpunkte sollte die Anzeige ungefähr wie im **Bild 3-12** aussehen.

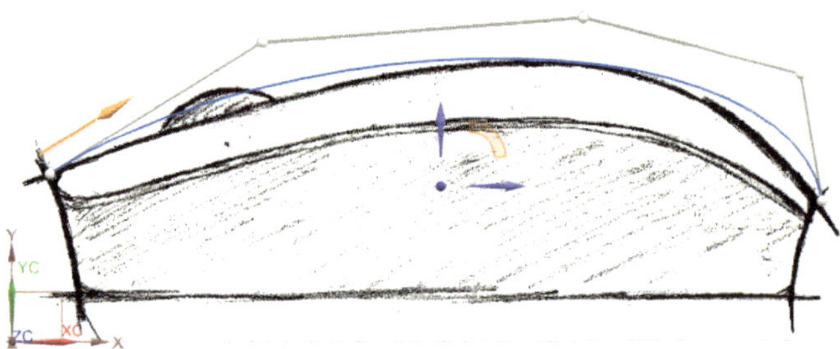

Bild 3-12 Grober Verlauf des Splines

Nun kann der Spline so nah wie möglich an den Verlauf der oberen Kontur angenähert werden. Ziehen Sie dafür an den einzelnen Polpunkten, bis das Ergebnis einigermaßen der Kontur entspricht. Das Ergebnis sollte ungefähr wie im **Bild 3-13** aussehen.

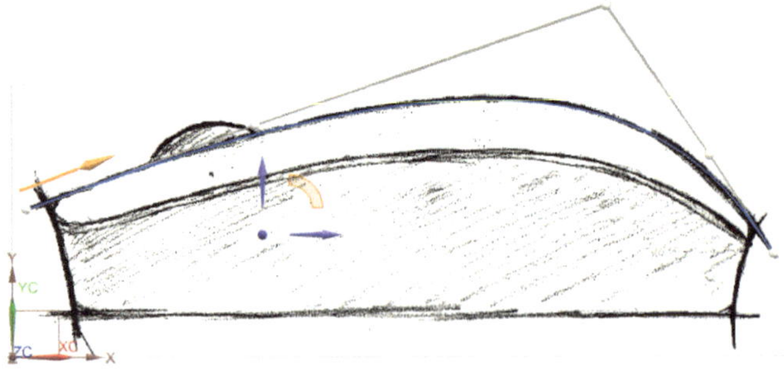

Bild 3-13 Angenäherter Spline

Wenn das Ergebnis einigermaßen zufriedenstellend ist, bestätigen Sie die Auswahl mit **OK.** Nun muss ein weiterer Spline erzeugt werden, der sich unter dem Ersten befindet. Da sich der Verlauf der Konturen nur minimal unterscheidet, kann hier der erste Spline vervielfältigt werden. Dabei ist darauf zu achten, dass in der unteren Werkzeugleiste der Filter auf ‚**CURVE**' gesetzt ist, da Sie den Spline andernfalls nicht selektieren können.

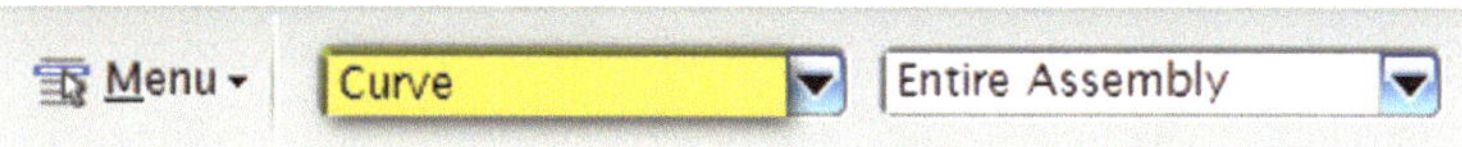

Bild 3-14 Auswahlfilter

Selektieren Sie den Spline mit der linken Maustaste und drücken Sie **STRG+C** zum Kopieren. Unmittelbar danach können Sie mit **STRG+V** die Kopie des Splines einfügen. Um sicherzustellen, dass Sie erfolgreich waren, können Sie im Part Navigator nachschauen, ob der Spline wirklich erstellt wurde.

Danach wird der Spline per Doppelklick im Part Navigator aktiviert und bearbeitet. Markieren Sie alle Polpunkte des Splines indem Sie mit gedrückter linker Maustaste ein Fenster um den Spline ziehen. Selektieren Sie die **Y-Achse** des im **Bild 3-15** angezeigten blauen Koordinatensystems. Nun kann der zweite Spline in Richtung der **Y-Achse** frei verschoben werden.

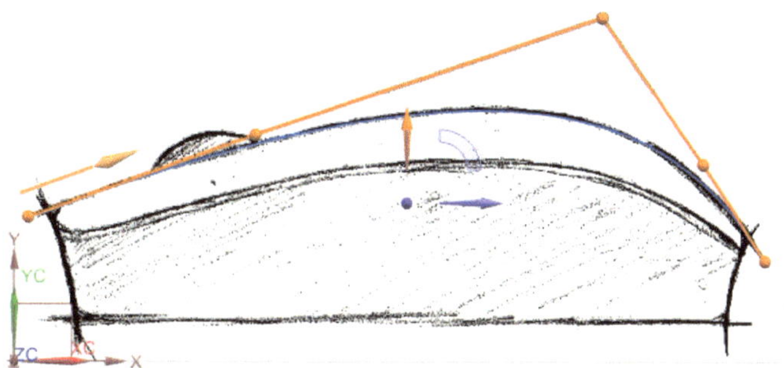

Bild 3-15 Selektion des Splines und der Y-Achse

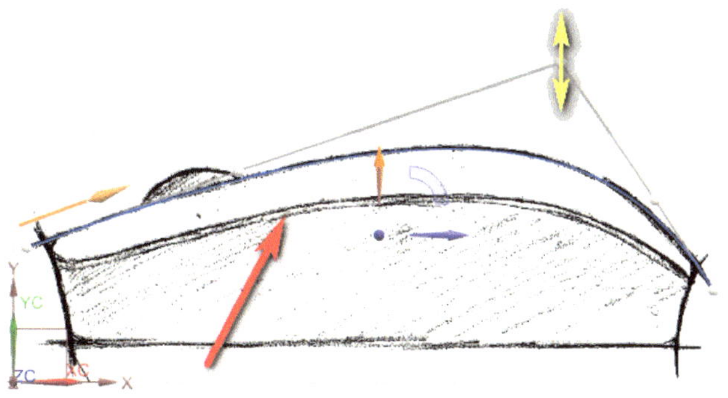

Bild 3-16 Verschiebung des Splines

Wie in **Bild 3-16** dargestellt kann der Spline am angezeigten Punkt mit gedrückter linker Maustaste in ausgewählter Achsrichtung verschoben werden. Ziehen Sie den Spline runter bis zur nächsten Kontur und achten Sie zunächst nur auf die Übereinstimmung des Anfangs- und Endpunktes.

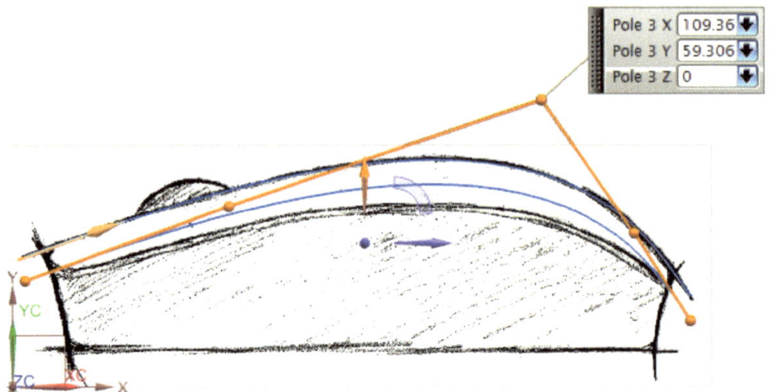

Bild 3-17 Verschiebung des Splines – 2

Bestätigen Sie die Auswahl mit **OK**. Als Nächstes wird der Verlauf des Splines an den Verlauf der Kontur aus der Handskizze angepasst. Machen Sie zunächst die Auswahl in der unteren Werkzeugleiste rückgängig indem Sie ‚**NO SELECTION FILTER**' auswählen.

Bild 3-18 No Selection Filter

Nun können Sie den zweiten Spline durch Doppelklick mit der linken Maustaste wie vorher beschrieben an den Verlauf der mittleren Kontur anpassen.

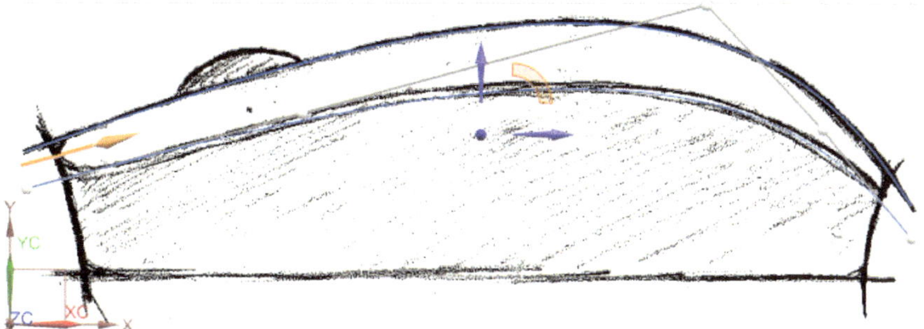

Bild 3-19 Verlauf anpassen

Haben Sie den Verlauf angepasst, markieren Sie nochmals alle Polpunkte indem Sie mit gedrückter linker Maustaste ein Rechteck um den Spline aufspannen und selektieren Sie die **Y– Achse** im blauen Koordinatensystem. Verschieben Sie den Spline nun etwas unter die mittlere Kontur wie im **Bild 3-20**. Den Vorteil der Verschiebung werden Sie im weiteren Verlauf der Modellierung erfahren.

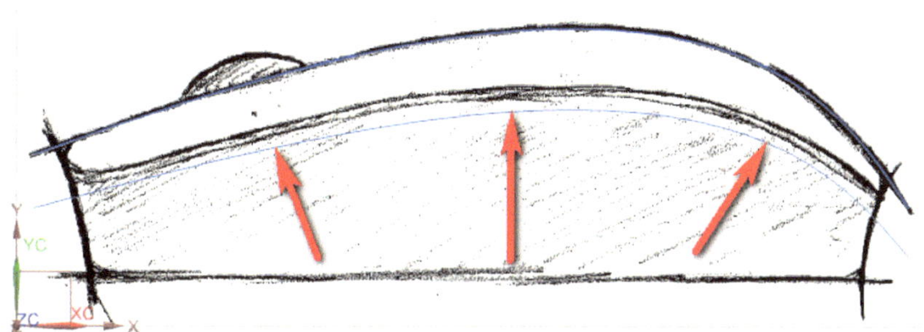

Bild 3-20 Korrekte Verschiebung von Spline

3.2.2 Pattern Geometry

Nun wird der eben erzeugte Spline mit Hilfe der Funktion **PATTERN GEOMETRY [MENU > INSERT > ASSOCIATIVE COPY > PATTERN GEOMETRY]** in beide Richtungen mit einem Abstand von **35 mm** zur **X-Y-Ebene** gespiegelt.

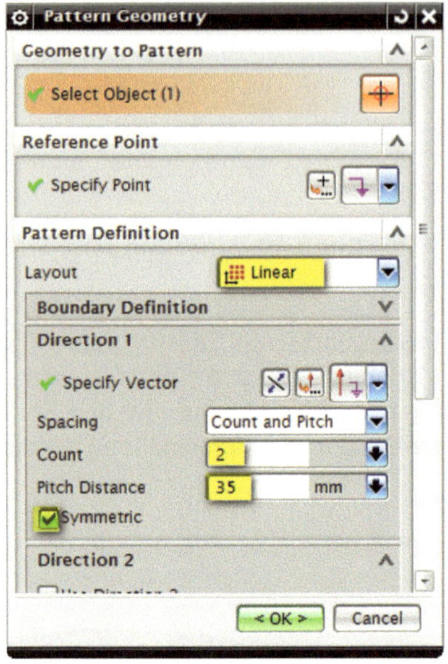

Bild 3-21 Pattern Geometry

Die Auswahl wird mit **OK** bestätigt.

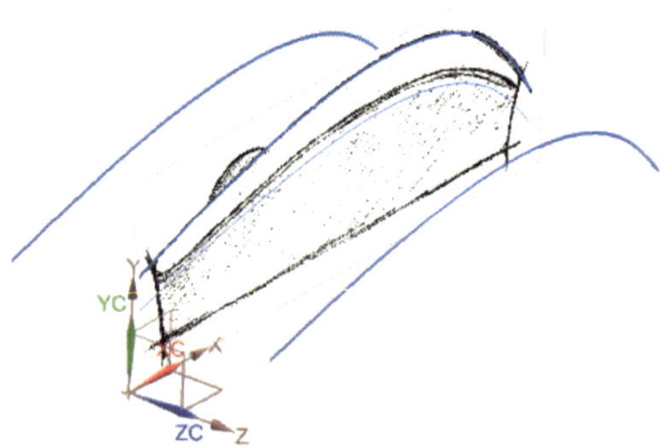

Bild 3-22 Gespiegelter Spline

3.2.3 Studio Surface

Nun kann die erste Fläche bestehend aus dem ersten Spline und den Kopien des zweiten Splines erzeugt werden. Dazu wird die Funktion **STUDIO SURFACE [MENU > INSERT > MESH SURFACE > STUDIO SURFACE]** aufgerufen. Als Nächstes wird einer der äußeren Splines mit der linken Maustaste selektiert und anschließend die Schaltfläche ‚ADD NEW SET‘ angeklickt, um die Auswahl von Splines fortzuführen. Alternativ kann auch nach der Selektion des jeweiligen Splines die mittlere Maustaste gedrückt werden, um dann mit der Auswahl des nächsten Splines fortzufahren.

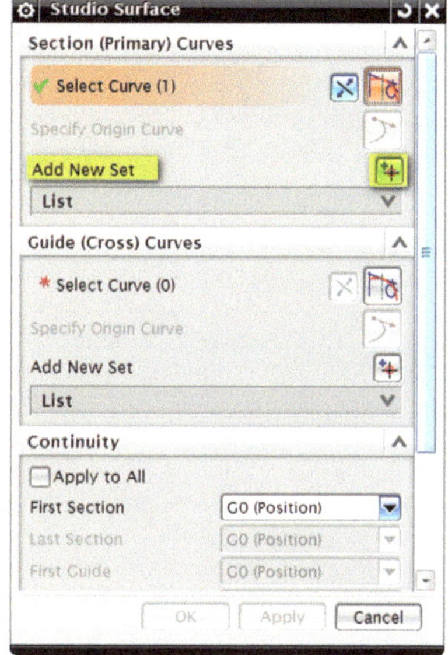

Bild 3-23 Studio Surface

Nach erfolgreicher Durchführung sollte die Oberfläche wie im **Bild 3-24** aussehen:

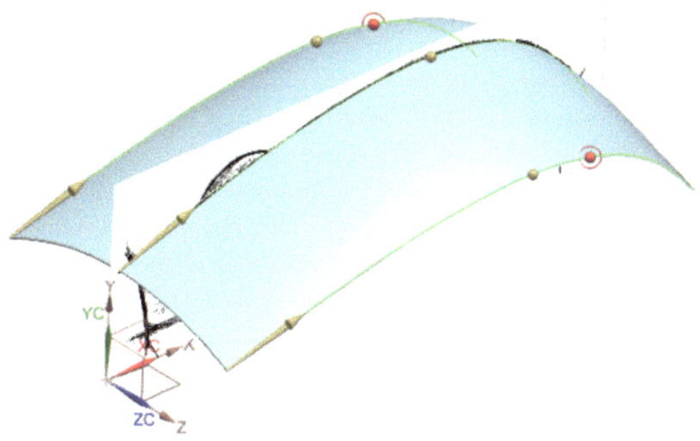

Bild 3-24 Oberfläche mit Studio Surface

Als Nächstes werden die Toleranzen der Oberfläche eingestellt. Dazu wird im Untermenü ‚**Settings**‘ das Feld ‚**Tolerances**‘ angeklickt und der Wert **0.1** für alle einzutragenden Toleranzen eingegeben. Die Einstellungen für ‚**Sections**‘ und ‚**Guides**‘ entnehmen Sie bitte dem **Bild 3-25**.

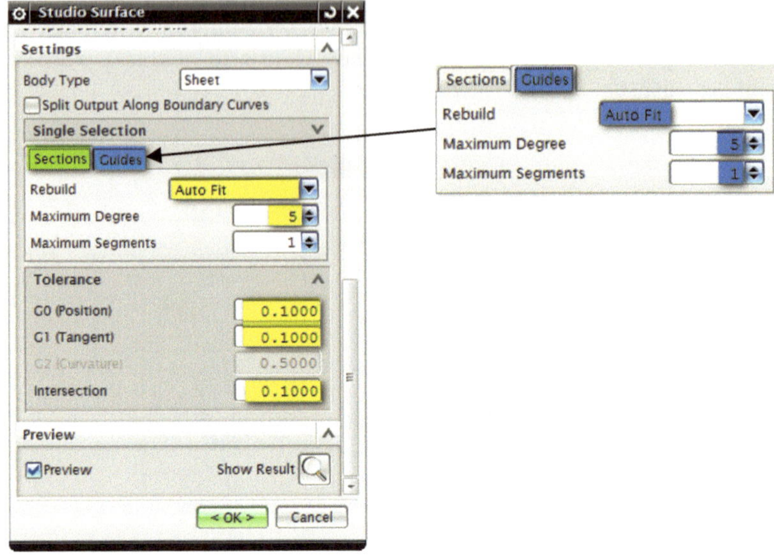

Bild 3-25 Studio Surface Settings

Bestätigen Sie die Eingaben mit **OK.**

Nachdem die erste Oberfläche erzeugt wurde, werden die zwei begrenzenden Flächen links und rechts erzeugt. Dazu wird zunächst die eben erzeugte Oberfläche samt Splines mit der Funktion **HIDE [STRG+B]** unsichtbar gemacht. Selektieren Sie dazu erst die Skizze und klicken Sie auf die Schaltfläche ‚**INVERT SELECTION**‘ um nur die Skizze anzuzeigen.

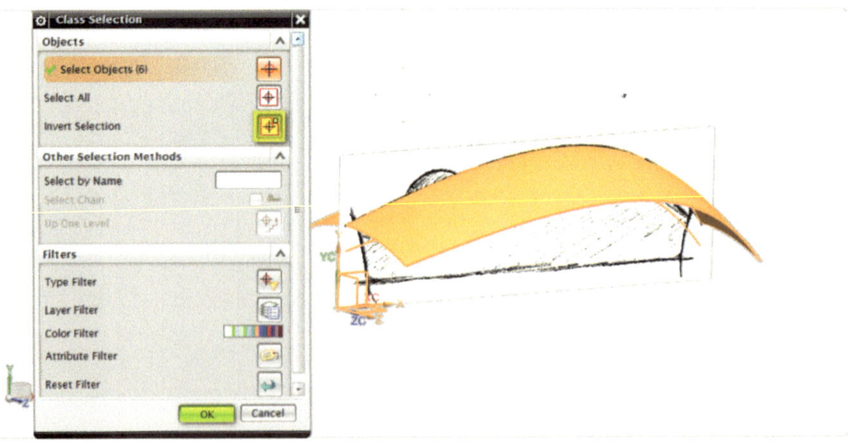

Bild 3-26 Hide-Funktion mit Invert Selection

Das Ergebnis sollte nur noch die Skizze wie im **Bild 3-27** enthalten.

Bild 3-27 Handskizze

Nun können wieder zwei Splines mit der Funktion **STUDIO SPLINE** entlang der Konturen eingefügt werden. Gehen Sie dabei wie im **Bild 3-28** vor. Es werden Splines zweiten Grades erstellt.

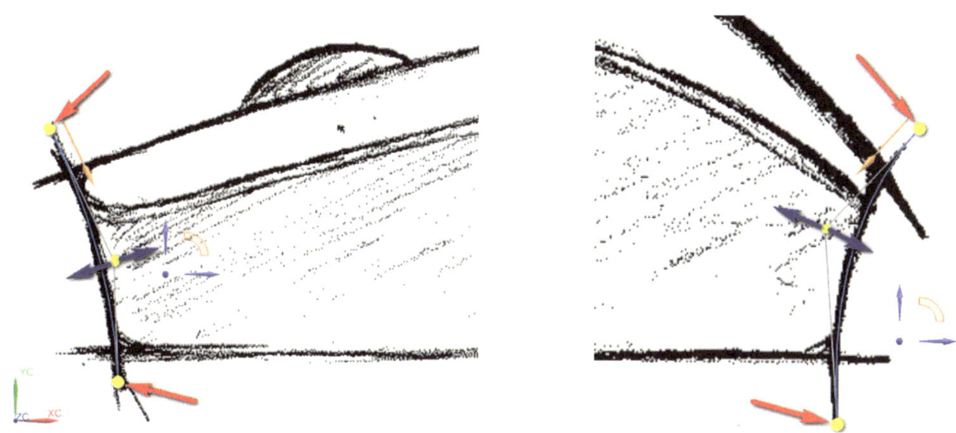

Bild 3-28 Spline links und rechts

Haben Sie beide Splines erstellt, bestätigen Sie alle Eingaben mit **OK.**

Im nächsten Schritt werden Splines erzeugt, die die Form der Maus bestimmen. Bei dem Erstellen dieser Splines haben Sie keine Konturen in der Skizze, die Sie benutzen können. Das heißt, dass Sie die Splines „freihändig" legen.

Verschieben Sie zunächst das WCS an den unteren Polpunkt des linken Splines indem Sie es mit einem Doppelklick auswählen und als Nächstes den unteren Polpunkt des Splines selektieren.

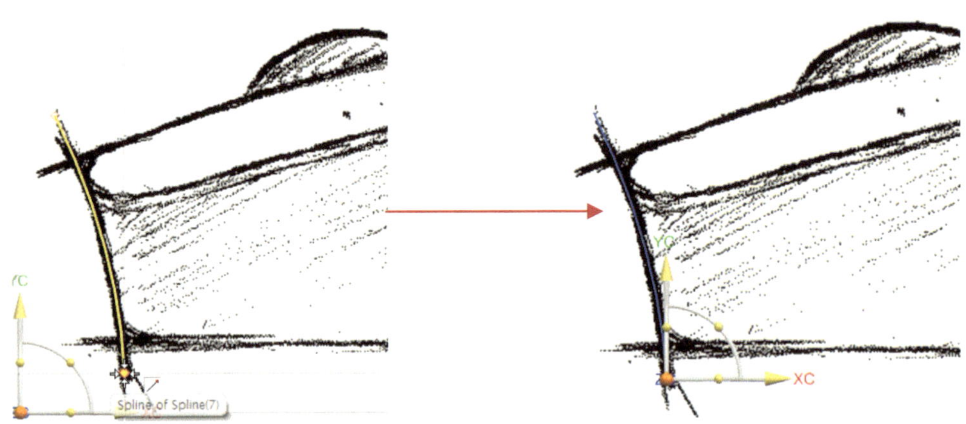

Bild 3-29 Verschobenes WCS

Blenden Sie als Nächstes die zuvor ausgeblendete Oberfläche mit der **SHOW [STRG+SHIFT+K]** wieder ein und wechseln Sie auf die Draufsicht.

Bild 3-30 Draufsicht

Rufen Sie die Funktion **STUDIO SPLINE** auf. Als ‚**TYPE**' wird ‚**THROUGH POINTS**'
ausgewählt. Es werden wieder Splines zweiten Grades erstellt. Übernehmen Sie die Einstellungen aus dem **Bild 3-31**.

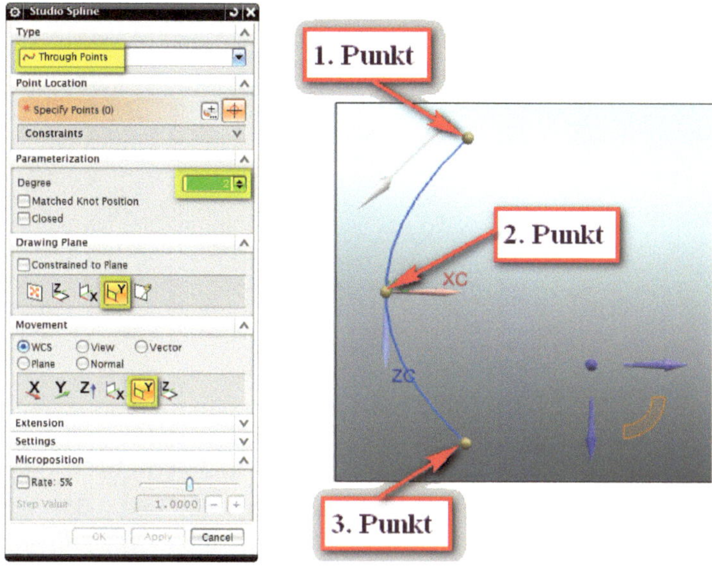

Bild 3-31 Studio-Spline-Einstellungen erster Punkt

Setzen Sie den Startpunkt des ersten Splines wie oben im **Bild 3-31** dargestellt nah an den
Rand der Oberfläche. Um den zweiten Punkt setzten zu können, muss die Ansicht zunächst wie
im **Bild 3-33** etwas geschwenkt werden. Der zweite Punkt soll im Ursprung des verschobenen
WCS liegen. Nähern Sie den Cursor in Richtung Ursprung des WCS, bis Ihnen ein Punkt zur
Auswahl vorgeschlagen wird. Sollte Ihnen kein Punkt vorgeschlagen werden, müssen Sie in
der unteren Werkzeugleiste die Schaltfläche ‚ENABLE SNAP POINT' aktivieren.

Bild 3-32 Enable Snap Point

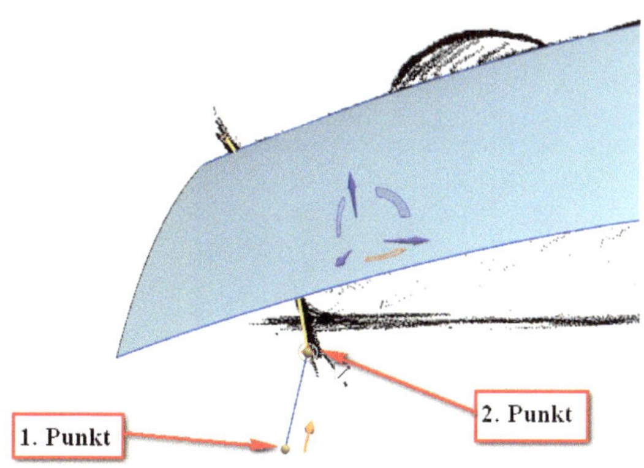

Bild 3-33 Zweiter Polpunkt

Haben Sie alle Punkte richtig gesetzt sollte die Anzeige folgendermaßen aussehen:

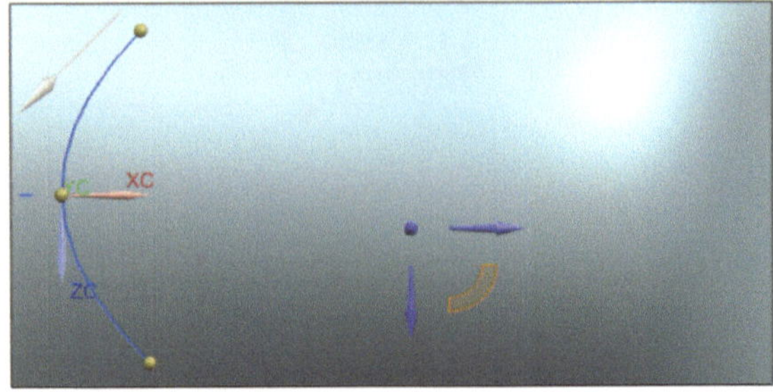

Bild 3-34 Grob ausgerichteter Spline

Nun werden die beiden äußeren Polpunkte hinsichtlich Ihrer Position verändert. Dazu wird der Punkt mit der linken Maustaste angeklickt. Es erscheint ein Koordinatenfenster, das die aktuelle Position des Punktes angibt. Entnehmen Sie die Werte aus **Bild 3-35**. Achten Sie darauf, dass Sie beim Wechsel zwischen den Punkten den zuvor angewählten Punkt mit gedrückter SHIFT-Taste deselektieren und dann erst den neuen Punkt anklicken.

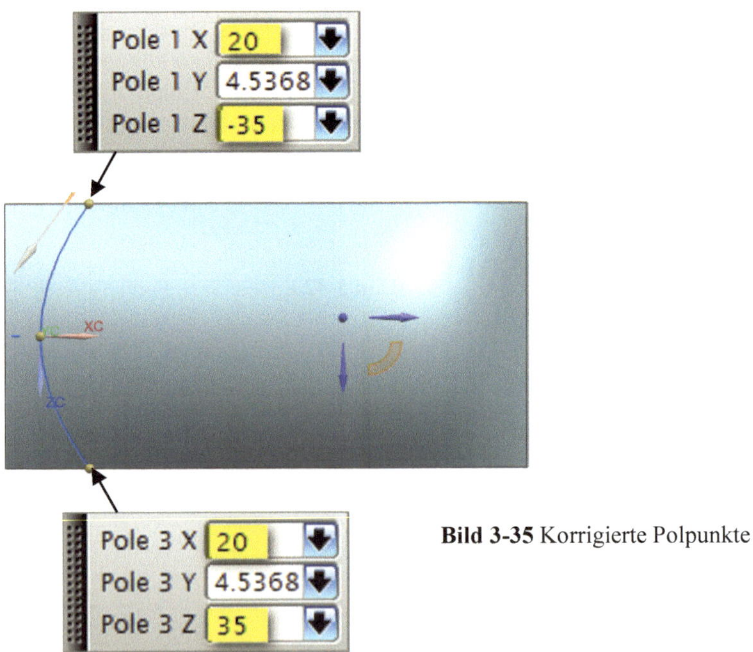

Bild 3-35 Korrigierte Polpunkte

Bestätigen Sie alle Eingaben mit **OK.**

Jetzt wird das WCS wie vorher beschrieben auf den unteren Polpunkt der rechten Seite verschoben.

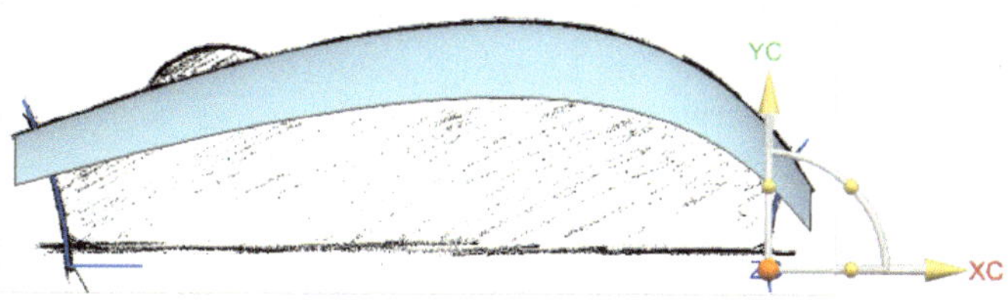

Bild 3-36 Verschobenes WCS – 2

Als Nächstes wird die Maus wieder von oben betrachtet, allerdings als Drahtmodell. Dazu können Sie auf einer freien Modellierungsfläche die rechte Maustaste gedrückt halten und dann den Cursor über die Schaltfläche ‚**STATIC WIREFRAME**' bewegen und loslassen.

Bild 3-37 Static Wireframe

Die Draufsicht als Drahtmodell sollte wie in **Bild 3-38** aussehen:

Bild 3-38 Draufsicht als Drahtmodell

Als Nächstes wird ein Spline erzeugt, der die Außenkontur abbildet. Dieser wird mit Hilfe der Funktion **STUDIO SPLINE** erstellt. Im Untermenü ‚**Type**' wird ‚**BY POLES**' ausgewählt. Der Startpunkt soll hier wieder der Ursprung des verschobenen **WCS** sein. Dazu wird die Ansicht etwas geschwenkt, sodass der Punkt einfacher ausgewählt werden kann. Auch hier ist darauf zu achten, dass die Funktion **ENABLE SNAP POINT** aktiviert ist, da NX sonst keinen Punkt zur Auswahl anbietet. Achten Sie auch auf die Ebene, in der die Punkte gesetzt werden. Klicken Sie dazu die im **Bild 3-39** dargestellte Ebene an.

Den zweiten Polpunkt legen Sie wie in **Bild 3-39** parallel zur Z-Achse. Bei der Positionierung haben Sie Gestaltungsfreiheit, d. h. Sie können die Punkte ‚frei' setzen und diese dann nach Wunsch durch Ziehen positionieren.

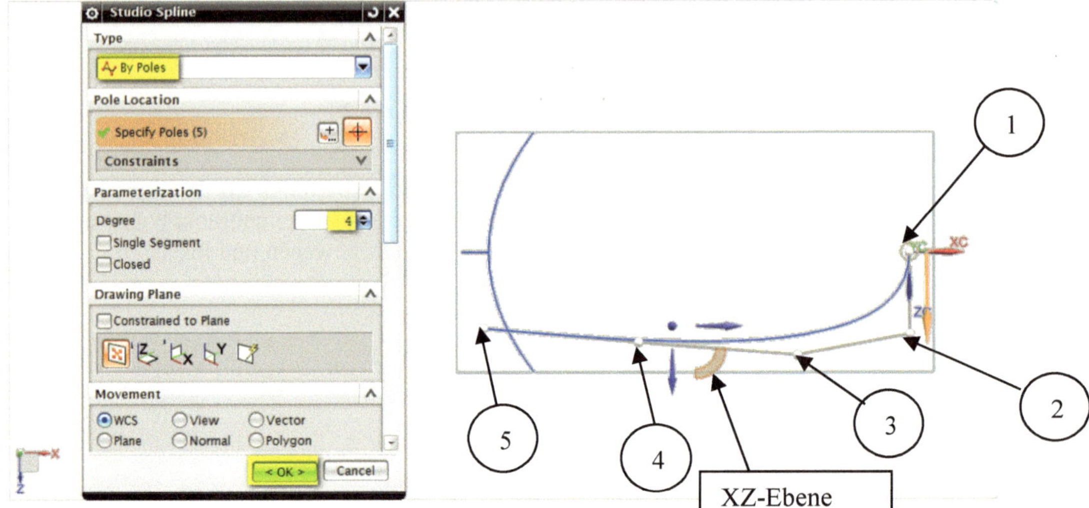

Bild 3-39 Spline – Außenkontur

Achten Sie darauf, dass die Punkte (3./4./5.) auf einer ungefähr linearen Pollinie liegen und nicht „Zickzackförmig" angeordnet sind. Letzteres würde eine ‚unsaubere' Oberfläche bewirken.

Nach Bestätigung aller Eingaben mit **OK** sollte das Modell ungefähr so aussehen wie auf dem **Bild 3-40**:

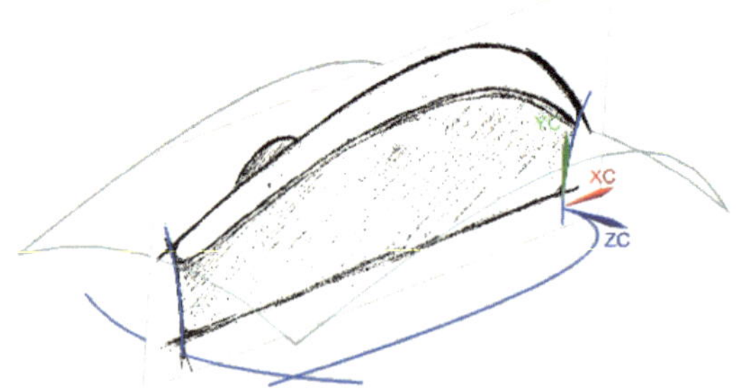

Bild 3-40 Modellansicht

Im nächsten Schritt wird die Seitenfläche aus den im letzten Schritt erstellten Splines erzeugt. Die Fläche wird mit der Funktion **STUDIO SURFACE [MENU > INSERT > MESH SURFACE > STUDIO SURFACE]** erzeugt. Dazu wird im Untermenü ‚**Section (Primary) Curves**‘ der hintere Spline ausgewählt und dann auf die Schaltfläche ‚Add New Set‘ geklickt. Danach wird im Untermenü ‚**Guide (Cross) Curves**‘ der im **Bild 3-41** erstellte Spline ausgewählt. Nun sollte die erzeugte Fläche erscheinen und folgendermaßen aussehen:

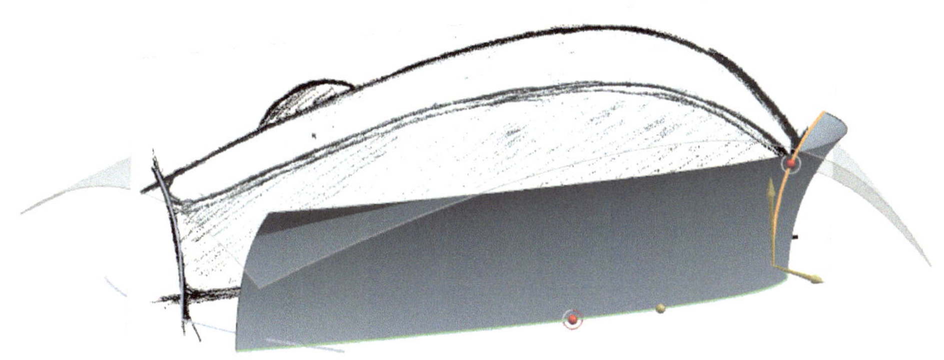

Bild 3-41 Studio Surface

Falls die Ansicht noch auf Drahtmodell eingestellt sein sollte, wird Ihnen die Oberfläche transparent angezeigt. Stellen Sie die Ansicht wieder in die gewohnte ‚**Shaded with Edges**‘-Ansicht um. Bestätigen Sie die Auswahl mit **OK.**

INFO: Falls eine Meldung angezeigt wird, dass gewisse Bedingungen nicht umgesetzt werden können, liegt es daran, dass noch die Einstellungen unter **Section** und **Guides** bei den **Settings** nicht auf **Auto Fit** stehen.

Setzen Sie einfach die Funktion mit Hilfe der Schaltfläche, oben rechts im Menü neben dem X, wieder auf die Grundeinstellungen zurück.

3.2.4 X-Form

Da die Oberfläche nun noch etwas zu kurz ist und nicht mit der Deckfläche abschließt, wird die Funktion **X-FORM [MENU > EDIT > CURVE > X-FORM]** benutzt. Diese Funktion ermöglicht das Verlängern der vorhandenen Fläche, ohne dabei die Flächenfunktion zu verändern. Nach Aufrufen der Funktion X-Form werden Sie aufgefordert eine Fläche zu selektieren. Klicken Sie dazu die Fläche aus **Bild 3-42** an. Nun sollte die Oberfläche folgendermaßen automatisch parametrisiert werden:

Bild 3-42 X-Form Parameterization

Sollte die oben dargestellte Unterteilung nicht automatisch generiert werden, korrigieren Sie bitte im Untermenü ‚**Parameterization**' die gelb markierten Felder mit den oben dargestellten Werten.

Wählen Sie im Untermenü ‚**Method**' im Reiter ‚**Move**' den Typ ‚**Polygon**' aus.

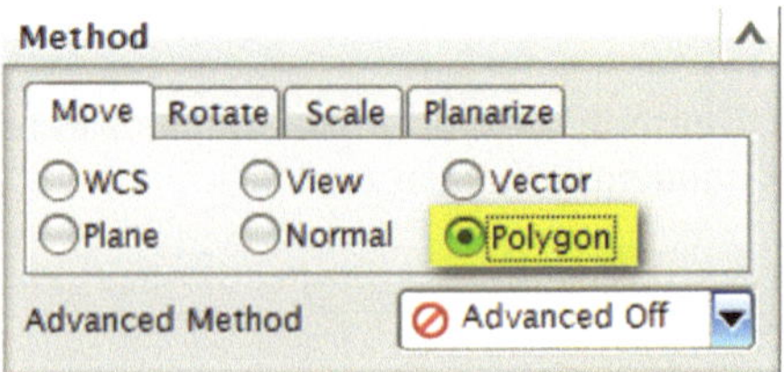

Bild 3-43 X-Form ‚Method' Polygon

Sie werden erkennen, dass kleine Pfeile an den Polpunkten auftauchen. Mit Hilfe dieser Pfeile kann die Fläche vergrößert oder verkleinert und nach vorne und nach hinten verschoben werden. Selektieren Sie zunächst die oberste Pollinie, auf der sich die Polpunkte befinden.

Bild 3-44 Selektion der Pollinie

Anschließend können Sie mit gedrückter linker Maustaste den nach unten gerichteten Pfeil eines beliebigen, auf der Pollinie liegenden Punktes nach oben verschieben.

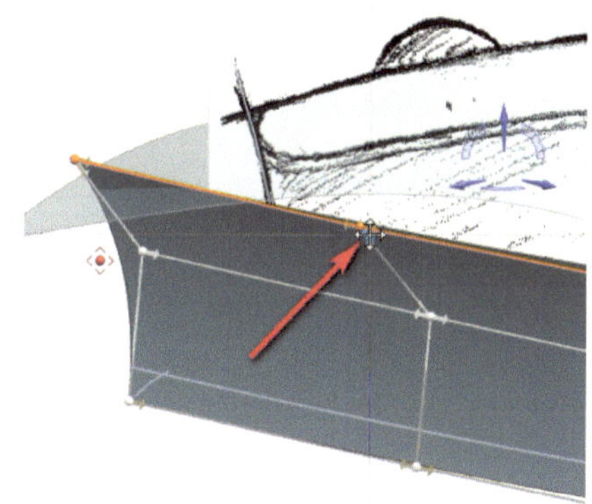

Bild 3-45 Verschiebung einer Fläche mit X-Form

Das Ergebnis nach der Höhenverschiebung sollte ungefähr wie auf dem **Bild 3-46** aussehen:

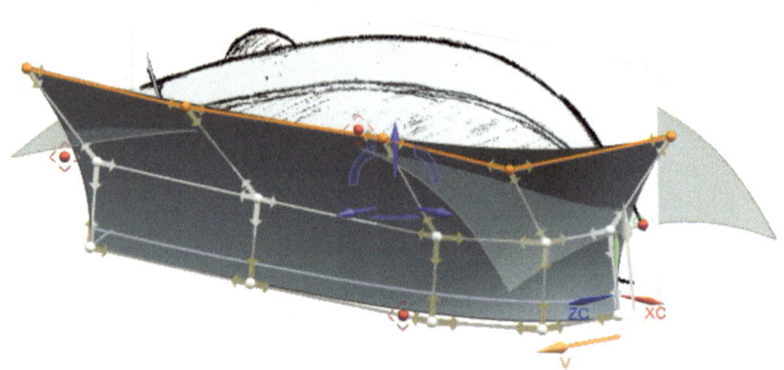

Bild 3-46 Ergebnis der Höhenverschiebung

Nun ist unschwer zu erkennen, dass die Fläche zwar das Höhenniveau der Deckfläche überschreitet, jedoch in der Mitte keine gemeinsame Schnittmenge besitzt. Dazu muss die Fläche noch nach hinten verschoben werden. Dazu wird die ‚**Method**‘ auf ‚**Normal**‘ gesetzt.

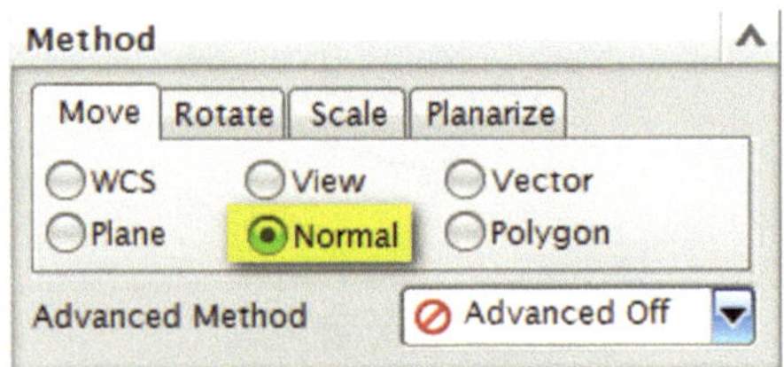

Bild 3-47 X-Form ‚Method‘ Normal

Jetzt kann die Pollinie einfach mit gedrückter linker Maustaste nach hinten verschoben werden. Bestätigen Sie die Auswahl mit **OK**. Das Ergebnis der Verschiebung sollte wie im **Bild 3-48** aussehen:

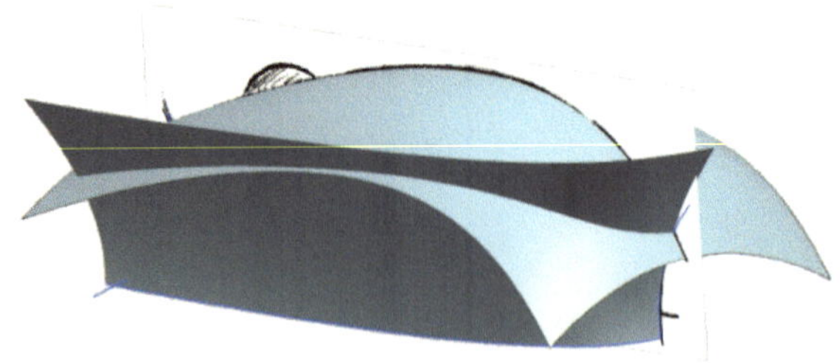

Bild 3-48 Ergebnis X-Form

Um noch die vordere Fläche zu erstellen, wird wieder die Funktion **STUDIO SURFACE [MENU > INSERT > MESH SURFACE > STUDIO SURFACE]** verwendet. Hierzu ist im Untermenü ‚**Section (Primary) Curves**‘ der vertikale Spline und anschließend unter ‚**Guide (Cross) Curves**‘ der horizontale untere Spline auszuwählen. Die somit erzeugte vordere Fläche sollte wie folgt aussehen:

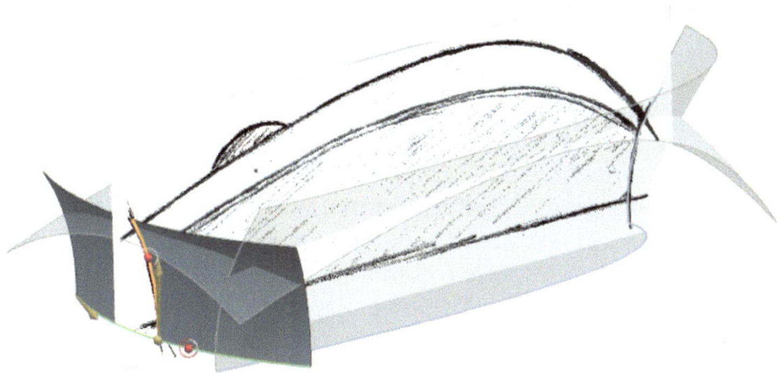

Bild 3-49 Studio Surface

Eine genaue Anpassung der erzeugten Splines an die Zeichnungsvorlage ist nicht immer auf Anhieb möglich, da die aus den Splines abgeleiteten Flächen einen Abstand zu den verwendeten Splines aufweisen können. Weil dies erst nach dem Erzeugen der Flächen feststellbar ist, wird die genauere Positionierung der Splines jetzt je nach Bedarf vorgenommen. Hierzu ist es vorteilhaft die Flächen, welche in ihrer Position nicht angepasst werden müssen, auszublenden. Dies kann per Rechtsklick auf die zu verbergende Fläche oder im „**Part Navigator**" per „**Hide**" vorgenommen werden.

Im **Bild 3-50** ist zu erkennen, dass Spline(6) in seiner Position genau dem Verlauf der Zeichnungsvorlage entspricht, jedoch die daraus generierte Fläche weiter links erzeugt wird. Die durch Spline(5) erzeugte Fläche hingegen stimmt dessen Position mit dem Verlauf der Zeichnungsvorlage überein und bedarf somit keiner Korrektur.

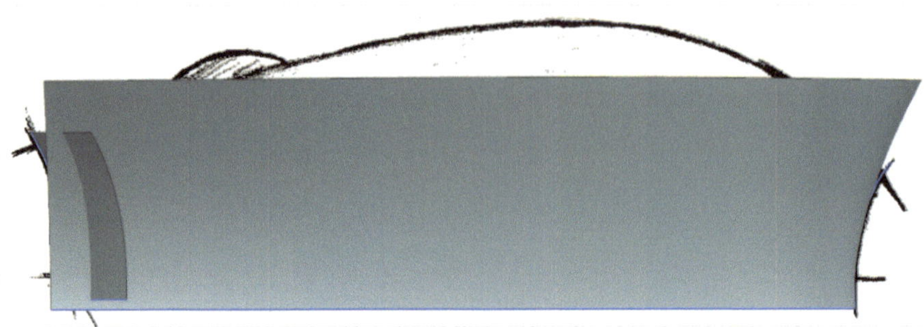

Bild 3-50 Spline-Position

Die nachträgliche Bearbeitung eines Splines erfolgt am einfachsten per Doppelklick mit der linken Maustaste auf diesen. Im Bearbeitungszustand erscheinen die zu Beginn gesetzten Punkte genannt „Poles", welche nun je nach Erfordernis umpositioniert werden können. Oftmals reicht es aus, nur einen Punkt in seiner Position anzupassen. Wenn die erzeugte Fläche wie im **Bild 3-51** zu weit links erzeugt wird, muss der Spline in seiner Position nach rechts verschoben werden. Da das Ergebnis der Anpassung erst nach Bestätigen mit OK sichtbar wird, ist eine mehrmalige Durchführung dieses Schrittes wahrscheinlich.

Bild 3-51 Spline-Verschiebung

Machen Sie jetzt die zuvor ausgeblendeten Flächen analog zu der Vorgehensweise mittels „**Show**" wieder sichtbar.

Falls sich etwaige Flächen durch die Verschiebung nicht mehr überschneiden, können diese auf dieselbe Weise bearbeitet bzw. verschoben werden.

3.2.5 Aesthetic Face Blend

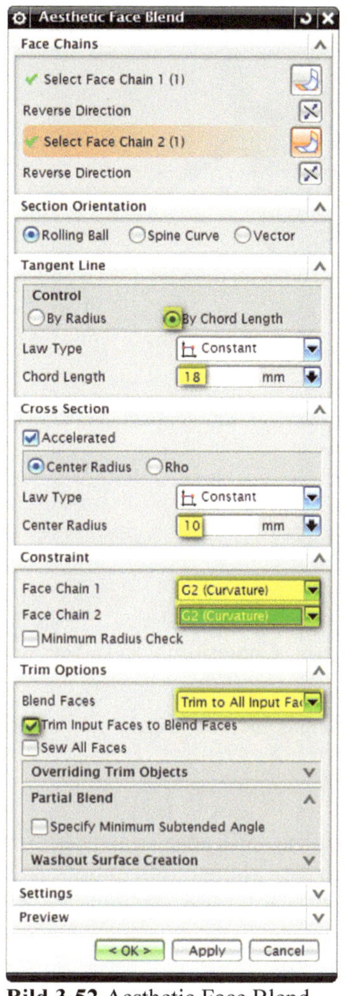

Bild 3-52 Aesthetic Face Blend

Mit der Funktion **AESTHETIC FACE BLEND [MENU > INSERT > DETAIL FEATURE >AESTHETIC FACE BLEND]** wird die durch die Seiten- und Frontfläche erzeugte Schnittkante verrundet. Entnehmen Sie die Einstellungen aus dem **Bild 3-52**. Achten Sie darauf, dass die Vektoren in die dargestellte Position gerichtet sind.

Im ersten Schritt wird unter „**Face Chains**" die Front- bzw. Seitenfläche selektiert. Hierbei ist zu beachten, dass die Vektoren in die richtige Richtung zeigen. Richten Sie diese der Abbildung entsprechend per Klick auf „**Reverse Direction**" aus.

Nachdem Sie unter „**Tangent Line**" „**By Chord Length**" ausgewählt haben und den „**Base Radius**" mit **18 mm** und den „**Center Radius**" mit **10 mm** bestimmt haben, ist unter „**Trim Options**" ein Haken für „**Trim Input Faces to Blend Faces**" zu setzten. Falls die Einstellung unter „**Blend Faces**" nicht auf „**Trim to All Input Faces**" gesetzt ist, ist auch dies vorzunehmen. Achten Sie auch darauf, dass im Untermenü **Constraint** die **Face Chain 1** und **2** auf **G2(Curvature)** stehen.

Durch diese Einstellung werden die Schnittkannten der sich überschneidenden Flächen getrimmt.

Bild 3-53 Auswahl Aesthetic Face Blend

Dar Ergebnis der Verrundung sollte in etwa wie folgt aussehen:

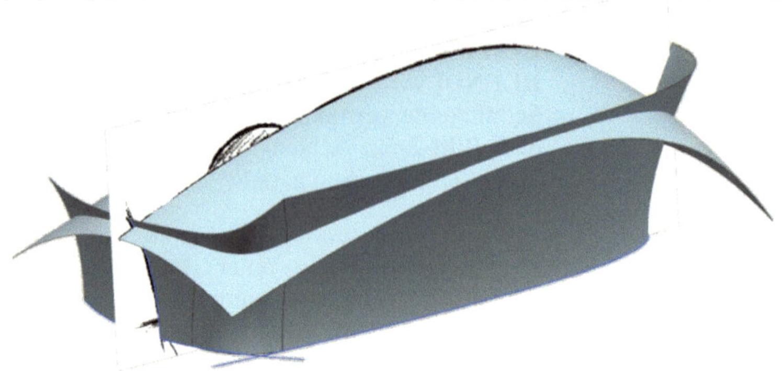

Bild 3-54 Ergebnis Aesthetic Face Blend

3.2.6 Trimmed Sheet

Im nächsten Schritt werden die überstehenden Bereiche der Flächen getrimmt. Dazu wird die Funktion **TRIMMED SHEET** verwendet.

Für diesen Arbeitsschritt ist es hilfreich das Hilfskoordinatensystem einzublenden. Klicken Sie hierzu im „**Part Navigator**" mit der rechten Maustaste „**Datum Coordinate System**" und anschließend „**Show**" an.

Auch das Raster-Image der Maus kann wahlweise auf diese Art ausgeblendet werden.

Es ist vorteilhaft zuerst mit der Auswahl für „**Boundary Objects**" zu beginnen. Mit dieser Auswahl wird der Schnittverlauf, also die Grenze des Schnittes definiert.

Als zweites wird unter „**Target**" die zu trimmende Fläche ausgewählt. Wichtig hierbei ist die Position des Cursors bei der Auswahl. Wenn unter Region „**Keep**" ausgewählt ist, bestimmt man mit der Auswahl für Target diejenige Seite der Fläche in Bezug auf die zuvor gesetzte Grenze unter „**Boundary Objects**", welche erhalten bleiben soll.

Bild 3-55 Trimmed Sheet

Als Erstes wird die im **Bild 3-56** rot umkreiste hintere Fläche getrimmt.

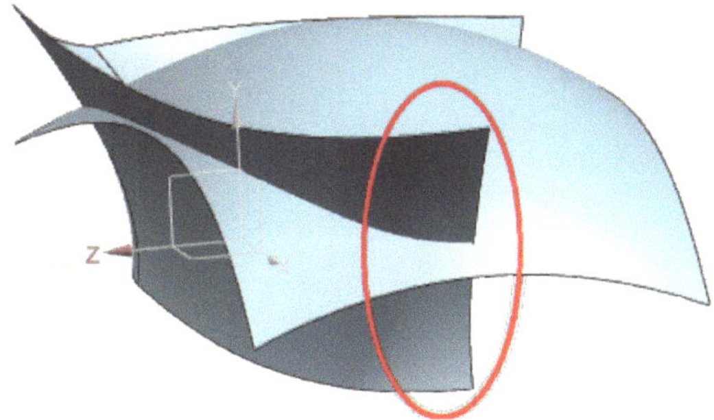

Bild 3-56 Zu trimmender Bereich

Da diese nicht bündig zur Spiegelachse (XY-Ebene) getrimmt wird, muss zuvor eine neue Ebene hinzugefügt werden. Diese Ebene mit einem definierten Abstand von 10 mm zur Spiegelebene (XY-Ebene) wird dann bei der Trimmung unter „**Boundary Objects**" ausgewählt. Öffnen Sie hierzu die Funktion **DATUM PLANE [MENU > INSERT > DATUM/POINT > DATUM PLANE]**.

Wählen Sie für „**Objects to Define Plane**" die **XY-Ebene** im Hilfskoordinatensystem aus. Vergrößern Sie nun die rote Fläche, indem Sie wie im **Bild 3-57** angedeutet den Eckpunkt mit gedrückter linker Maustaste verschieben. Vergrößern Sie die rote Fläche so, dass die hintere zu bearbeitende Fläche abgedeckt ist. Nach Eingabe der Distanz von **10** mm unter **Offset** wird sich die Fläche automatisch ausrichten und verschieben.

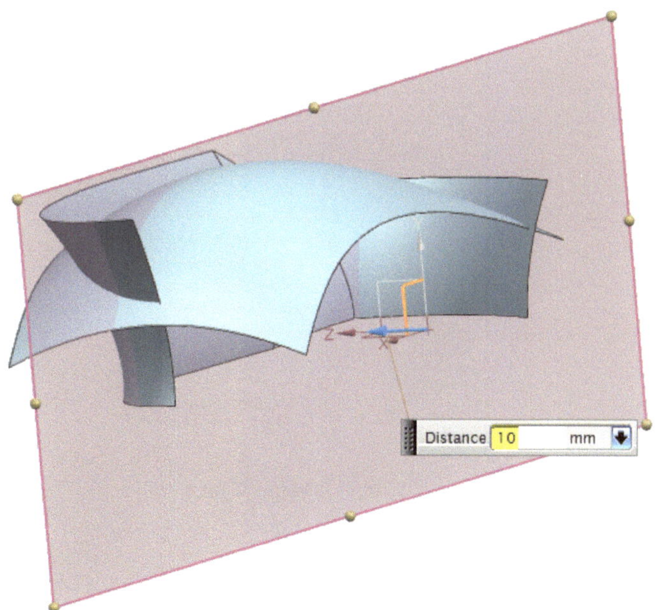

Bild 3-57 Erzeugen der Hilfsebene

Bestätigen Sie mit OK.

Öffnen Sie die Funktion **TRIMMED SHEET [MENU > INSERT > TRIM > TRIMMED SHEET]**. Wählen Sie unter „**Boundary Object**" die soeben erstellte Hilfsebene aus, indem Sie den im **Bild 3-58** grün markierten Rand mit der linken Maustaste anklicken.

Da die Hilfsebene die Schnittgrenze bildet, muss der Cursor bei der Auswahl für Target auf jener Seite der Schnittgrenze (Hilfsebene) erfolgen, die erhalten bleiben soll. Setzen Sie die Position des Cursors bei der Auswahl für „**Target**" wie im **Bild 3-58** dargestellt und bestätigen Sie mit **Apply**.

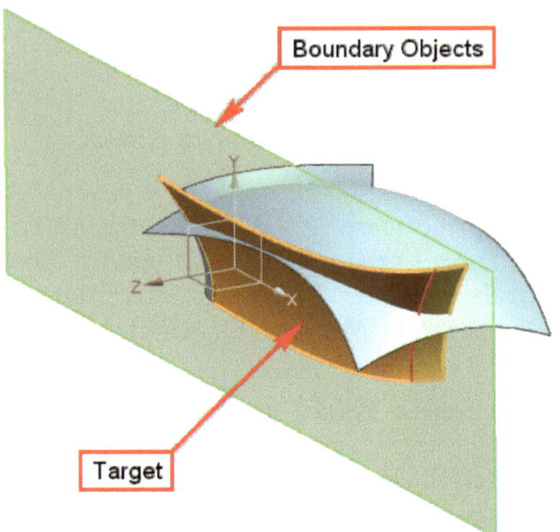

Bild 3-58 Auswahl für Trimmed Sheet

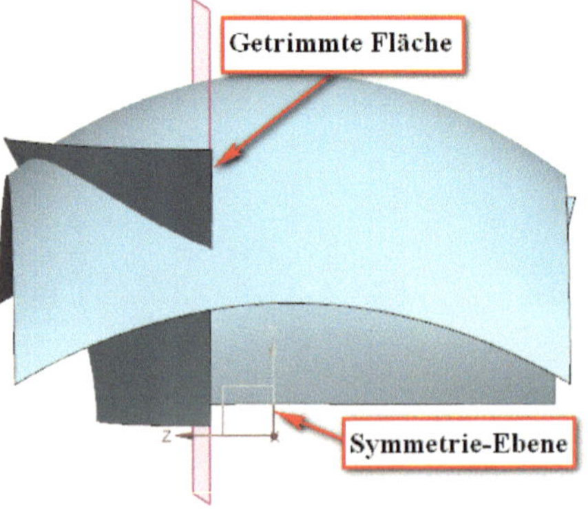

Bild 3-59 Ergebnis Trimm – Operation

Nach diesem Schritt kann die Hilfsebene per Rechtsklick und **Hide** ausgeblendet werden.

3.2.7 Mirror Geometry

Mit **MIRROR GEOMETRY [MENU > INSERT > ASSOCIATIVE COPY > MIRROR GEOMETRY]** wird die soeben gekürzte Seitenfläche über die XY-Ebene gespiegelt.

Selektieren Sie unter „**Geometry to Mirror**" die im **Bild 3-60** gelb markierte Seitenfläche. Als Spiegelebene unter „**Mirror Plane**" ist die XY-Ebene im Hilfskoordinatensystem auszuwählen. Bestätigen Sie mit **OK**.

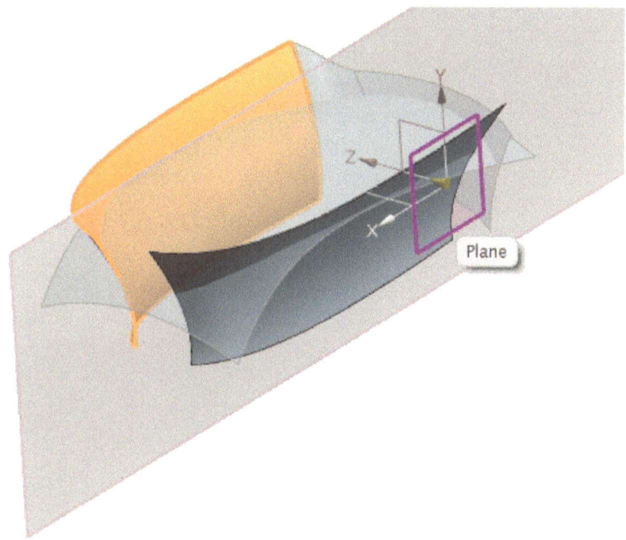

Bild 3-60 Mirror Geometry

Die somit entstehende Lücke im hinteren Bereich zwischen den beiden Seitenflächen wird mit **STUDIO SURFACE [MENU > INSERT > MESH SURFACE > STUDIO SURFACE]** geschlossen.

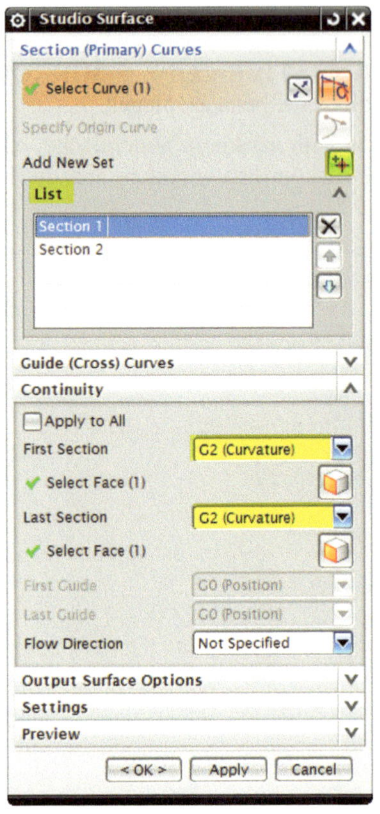

Bild 3-61 Studio Surface

Wählen Sie zunächst eine der beiden Kanten unter „**Section (Primary) Curves**" an. Klicken Sie auf „**List**", um die Auflistung aufzuklappen. Es erscheint unter „**List**" **Section 1**. Für die **Section 1** ist unter „**Continuity**" für „**First Section**" „**G2 (Curvature)**" auszuwählen.

Anschließend müssen Sie unter „**Section (Primary) Curves**" unter „**Add New Set**" eine weitere **Section** hinzufügen. Unter „**List**" erscheint eine neue **Section** mit dem namen New. Wählen Sie für diese Section die Kante der anderen Seitenfläche aus. Der Name wird von New auf **Section 2** geändert. Auch für diese **Section 2** muss unter „**Continuity**" für „**Last Section**" die Einstellung auf **G2 (Curvature)** gesetzt werden.

Achten Sie darauf, dass die Richtung der Vektoren gleichgerichtet ist.

Bestätigen Sie mit **OK**.

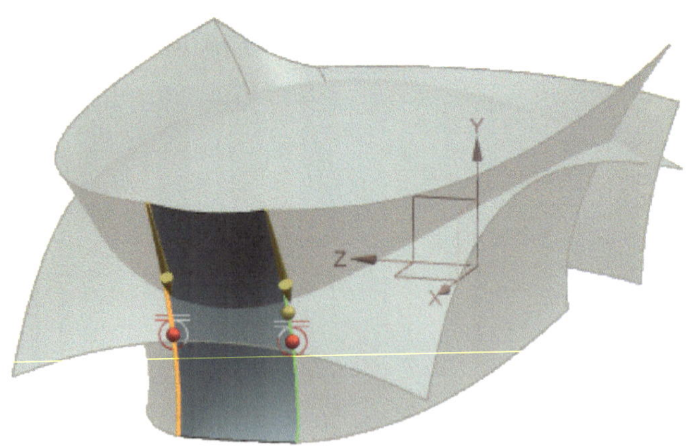

Bild 3-62 Auswahl für Studio Surface

Trimmen **TRIMMED SHEET [MENU > INSERT > TRIM > TRIMMED SHEET]** Sie jetzt die obere Fläche der Maus. Wählen Sie unter „**Boundary Object**" die XY–Ebene im Hilfskoordinatensystem aus, indem Sie die im **Bild 3-63** gelb markierte Ebene anklicken. Somit ist die Grenze der Trimmung bzw. der Verlauf des Schnittes bestimmt. Nun ist es wichtig unter „**Target**" jene Seite der Fläche auszuwählen, welche erhalten bleiben soll, da die Einstellung auf „**Keep**" gesetzt ist. Setzten Sie die Position des Cursors bei der Auswahl für „**Target**" wie im **Bild 3-63** dargestellt und bestätigen Sie mit **Apply**.

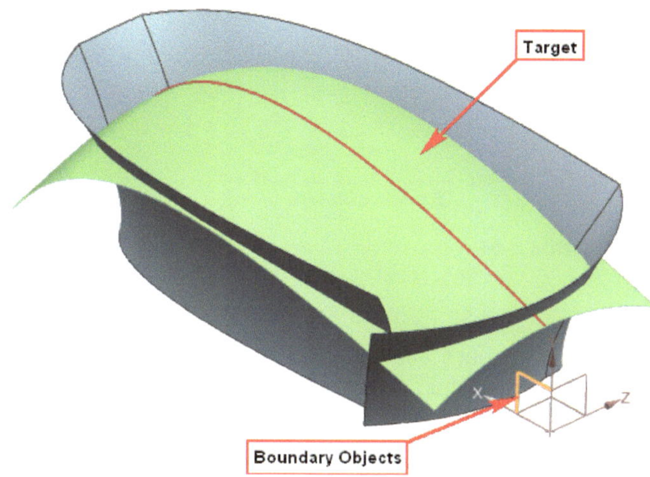

Bild 3-63 Auswahl für Target und Boundary Objects

Um jetzt noch die im **Bild 3-64** dargestellte vordere und hintere Fläche zu trimmen, verfahren Sie analog zum Trimmvorgang der Deckfläche.

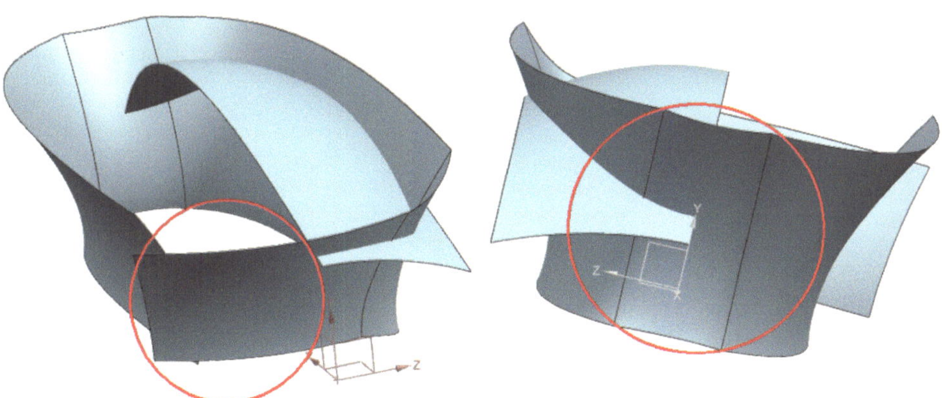

Bild 3-64 Zu trimmender Bereich

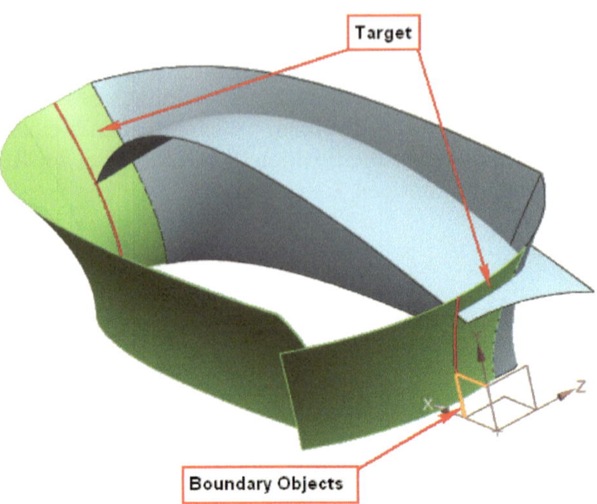

Bild 3-65 Auswahl für Target und Boundary Object

Blenden Sie die übrig bleibende freistehende Seitenfläche per Rechtsklick und **Hide** aus. Im Anschluss muss noch die nach oben überstehende Fläche getrimmt werden. Gehen Sie bei der Auswahl für „**Boundary Object**" und „**Target**" wieder dem **Bild 3-66** entsprechend vor. Bestätigen Sie mit **Apply**.

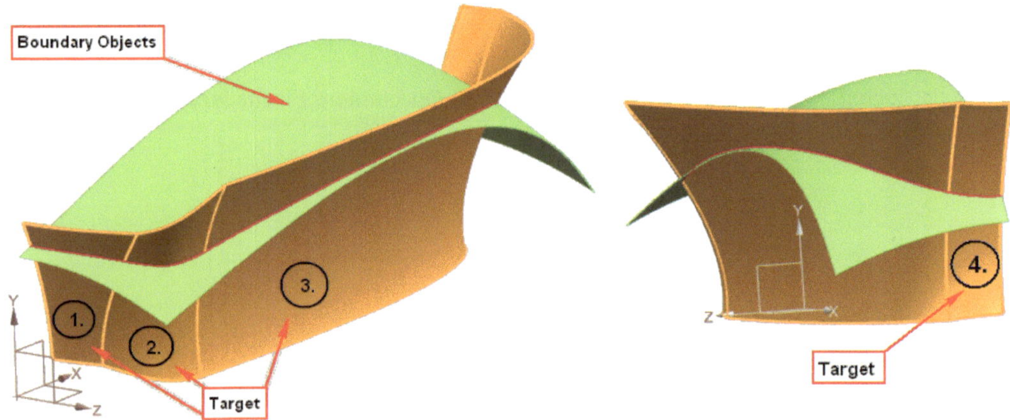

Bild 3-66 Auswahl für Target und Boundary Object – 2

Zuletzt muss noch die obere Fläche an den Verlauf der Seitenfläche angepasst werden. Entnehmen Sie die Auswahl für die Trimmung dem **Bild 3-67** und bestätigen dann mit **OK**.

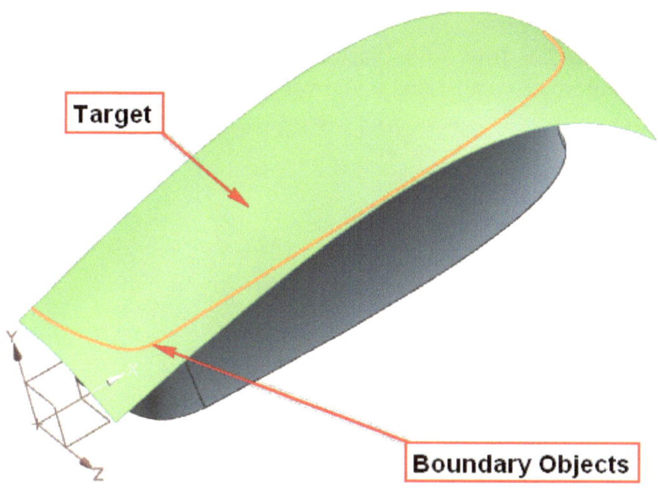

Bild 3-67 Auswahl für Target und Boundary Object – 3

Das Ergebnis der Trimmungen sollte folgendermaßen aussehen:

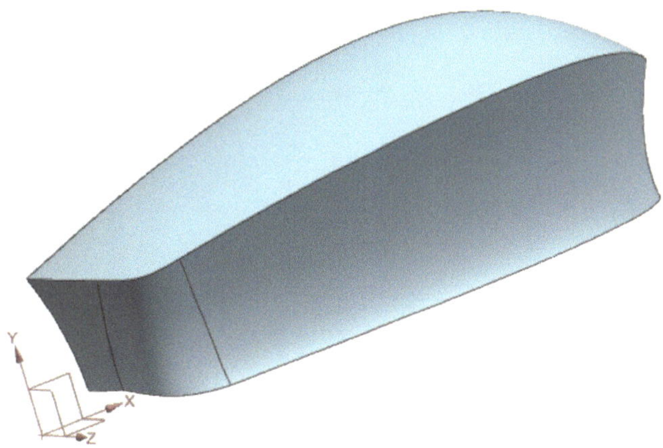

Bild 3-68 Ergebnis der Trimmungen

Damit die Seitenflächen zum Boden hin plan abschließen, muss ein Schnitt durch die Flächen gesetzt werden. Hierzu wird im ersten Schritt eine zusätzliche Ebene erzeugt. Klicken Sie hierzu auf **DATUM PLANE [MENU > INSERT > DATUM/POINT > DATUM PLANE]**.

Wählen Sie für „**Objects to Define Plane**" die XZ–Ebene im Hilfskoordinatensystem aus. Vergrößern Sie nun die rote Fläche, indem Sie wie in **Bild 3-69** angedeutet den Eckpunkt mit gedrückter linker Maustaste verschieben. Richten Sie sich bei der Verschiebung des Eckpunktes ungefähr an die Werte aus **Bild 3-69**. Nach Eingabe der Distanz von **8 mm** unter **Distance** wird sich die Fläche automatisch ausrichten und verschieben. Bestätigen Sie mit **OK**.

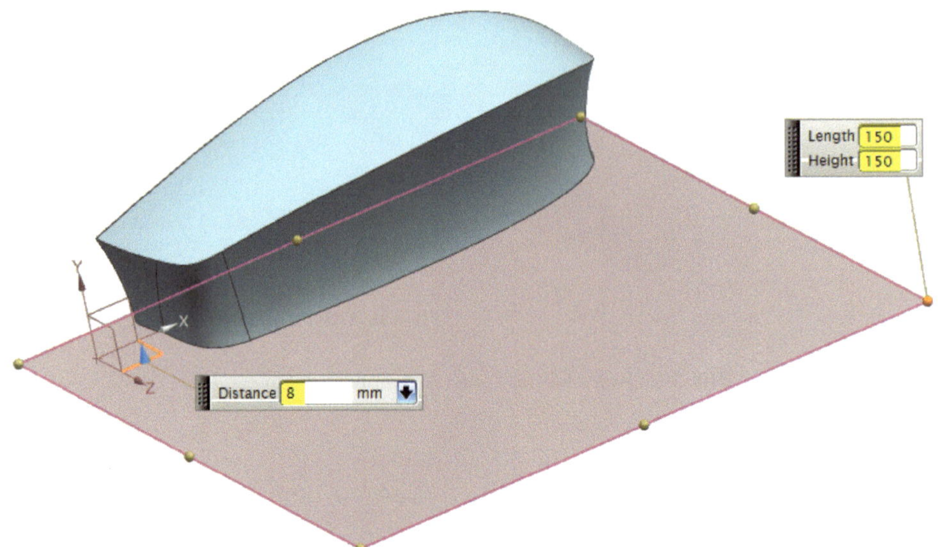

Bild 3-69 Erzeugen einer Hilfsebene

Mit Hilfe der soeben erzeugten Ebene ist es jetzt möglich die Seitenflächen zu trimmen. Öffnen Sie hierzu die Funktion **TRIMMED SHEET [MENU > INSERT > TRIM > TRIMMED SHEET]** und nehmen Sie die Auswahl für „**Boundary Objects**" und „**Target**" entsprechend dem **Bild 3-70** vor.

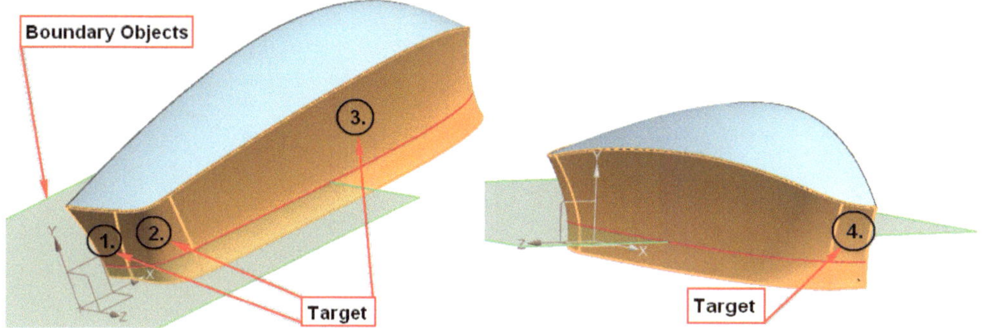

Bild 3-70 Auswahl für Target und Boundary Object

Mit der Funktion **HIDE [MENU > EDIT > SHOW AND HIDE > HIDE]** werden jetzt die entsprechenden Teile ausgeblendet, sodass die Geometrie schlussendlich der Abbildung entspricht.

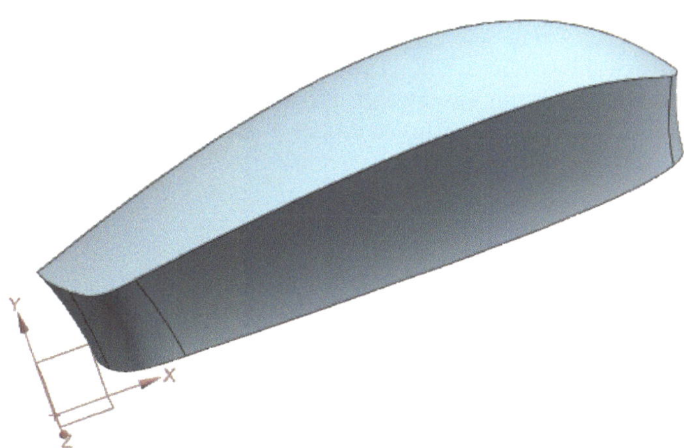

Bild 3-71 Ergebnis nach Hide

Um die Bodenfläche der Maus zu erzeugen, wird zuerst mittels **LINE [MENU > INSERT >
CURVE > LINE]** die untere Fläche am Boden geschlossen. Wählen Sie für „**Start Point**" und
„**End Point or Direction**" die beiden Endpunkte der Splines aus und bestätigen Sie mit **OK**.

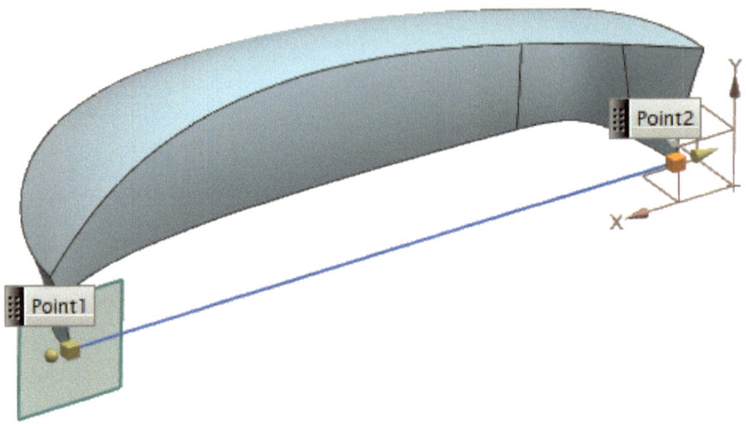

Bild 3-72 Erzeugen einer Line

3.2.8 Bounded Plane

Nun wird mit der Funktion **BOUNDED PLANE [MENU > INSERT > SURFACE >
BOUNDED PLANE]** aus diesem Umriss eine Fläche erzeugt. Bei der Auswahl wird zuerst
eine der unteren Kurven (nicht die zuvor erstellte Line) markiert. Anschließend wird per
Rechtsklick das Auswahlverfahren auf „**Tangent Curves**" gesetzt. Hierdurch werden alle
weiteren Kurven automatisch mit ausgewählt. Zuletzt ist noch die Line zu markieren, sodass
unter „**Select Curve**" insgesamt fünf Kurven ausgewählt sind. Bestätigen Sie mit **OK**.

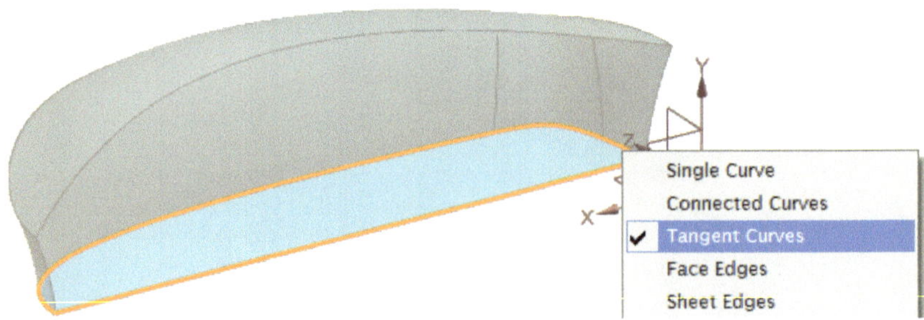

Bild 3-73 Bounded Plane

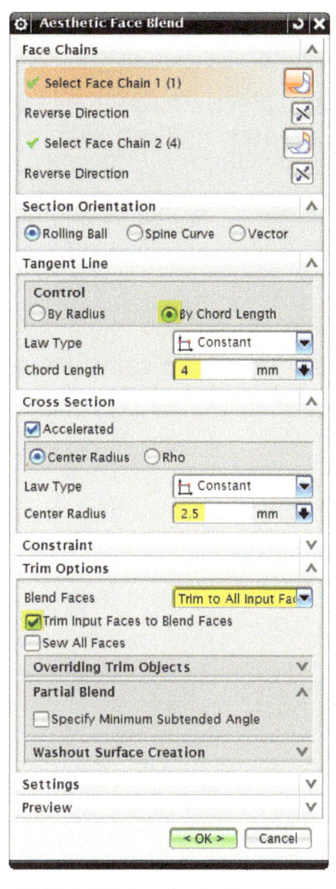

Im nächsten Schritt wird die Kante zwischen der oberen und seitlichen Fläche der Maus mit **AESTHETIC FACE BLEND [MENU > INSERT > DETAIL FEATURE > AESTHETIC FACE BLEND]** verrundet.

Übernehmen Sie die Auswahl unter „**Face Chains**" und die Werte für „**Base Radius**" und „**Center Radius**" aus dem **Bild 3-74**.

Achten Sie dabei auf die Richtung der Vektoren. Diese müssen immer in Mittelpunkt der Radius gerichtet sein.

Unter „**Tangent Line**" muss die Einstellung auf „**By Chord Length**" gesetzt werden.

Setzten Sie anschließend den Haken bei „**Trim Input Faces to Blend Faces** ".

Bild 3-74 Aesthetic Face Blend

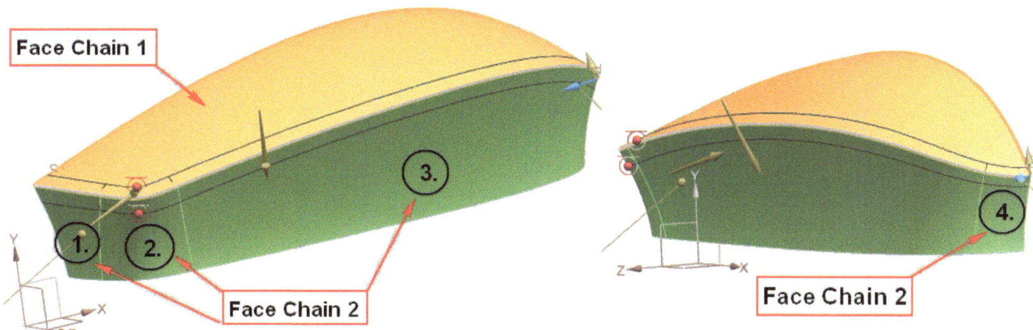

Bild 3-75 Auswahl für Aesthetic Face Blend

Bestätigen Sie wieder mit OK.

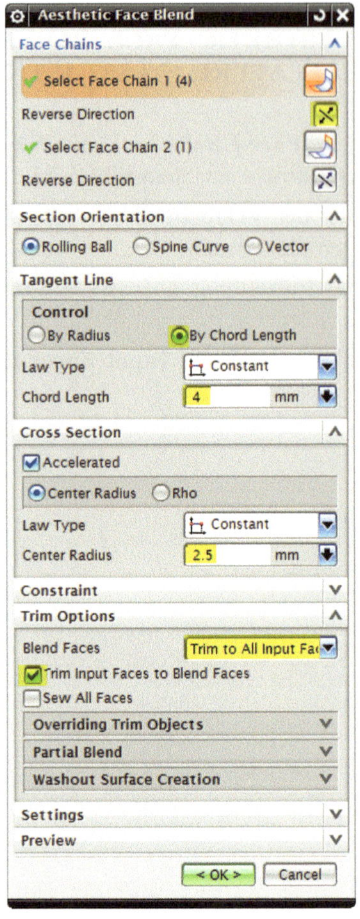

Bild 3-76 Aesthetic Face Blend

Die Verrundung der unteren Kante zwischen der Boden– und Seitenfläche wird auf die gleiche Weise erstellt.

Übernehmen Sie die Auswahl unter „**Face Chains**" und die Werte für „**Base Radius**" und „**Center Radius**" aus dem **Bild 3-76**.

Achten Sie dabei wieder auf die Richtung der Vektoren, sodass diese in den Mittelpunkt des Radius gerichtet sind.

Unter „**Tangent Line**" muss die Einstellung auf „**By Chord Length**" gesetzt werden.

Setzen Sie anschließend den Haken bei „**Trim Input Faces to Blend Faces** ". Bestätigen Sie wieder mit **OK**.

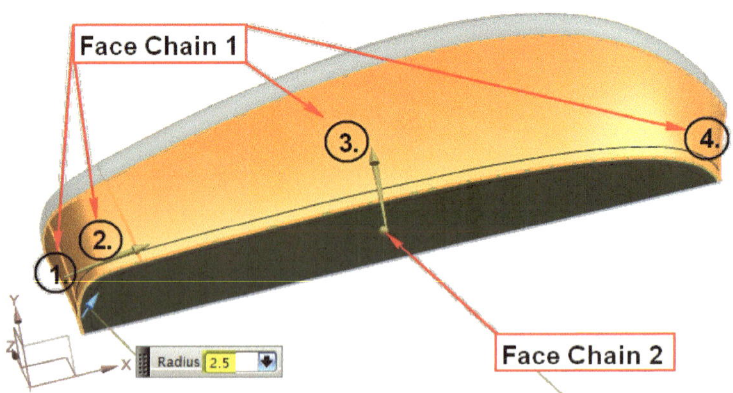

Bild 3-77 Auswahl für Aesthetic Face Blend

Bestätigen Sie wieder mit **OK**.

3.2.9 Offset Curve in Face

Mit Hilfe der Funktion **OFFSET CURVE IN FACE [MENU > INSERT > DERIVED CURVE > OFFSET IN FACE]** werden Kopien von Körperkanten auf deren Fläche erzeugt.

Im ersten Schritt wird die Einstellung unter „**Type**" auf Variable gesetzt.

Danach wird die zu kopierende Kante ausgewählt. Achten Sie bei der Auswahl für „**Curve**" darauf, dass die Einstellung für die Auswahl auf „**Single Curve**" gesetzt ist, da anderenfalls alle Kanten ausgewählt werden. Diese Einstellung können Sie nach Auswahl einer Kante per linker Maustaste und anschließendem Betätigen der rechten Maustaste nachträglich vornehmen.

Nun muss unter „**Face or Plane**" die Fläche ausgewählt werden, auf welche die Kopie der Kante erstellt werden soll. Achten Sie darauf, dass die Vektorrichtung in Richtung der Fläche zeigt. Dies kann unter „**Curve**" und „**Reverse Direction**" verändert werden.

Unter „**Offset**" wird der „**Law Type**" auf **Linear** gesetzt, um den Abstand des Start- beziehungsweise Endpunktes hinsichtlich des ausgewählten Splines einstellen zu können.

Verfahren Sie bei der Bearbeitung dieses Arbeitsschrittes nach dem unteren **Bild 3-78**:

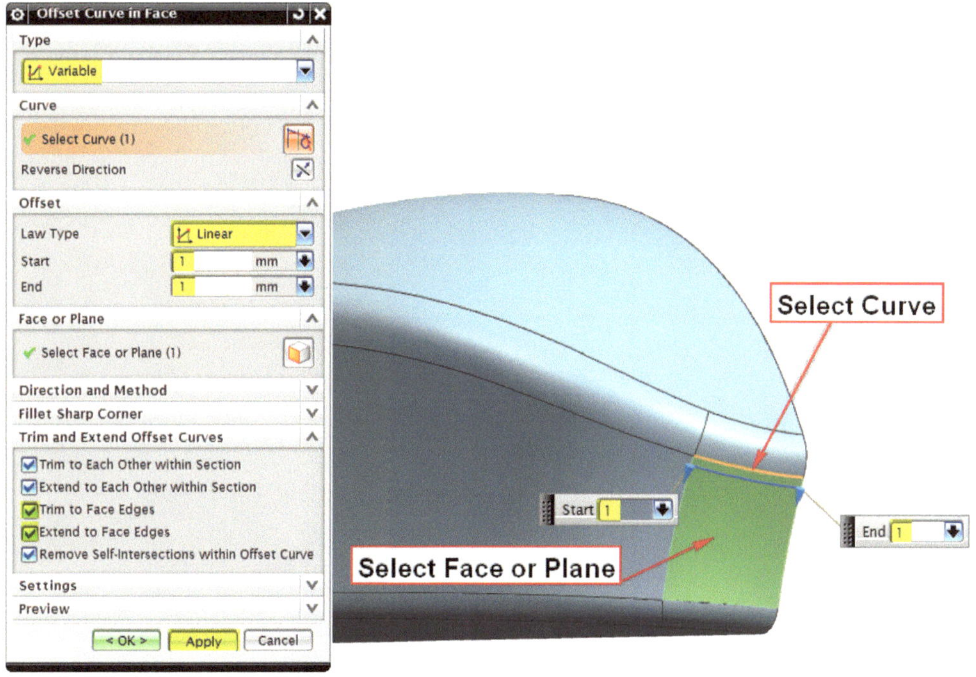

Bild 3-78 Auswahl für Offset Curve in Face

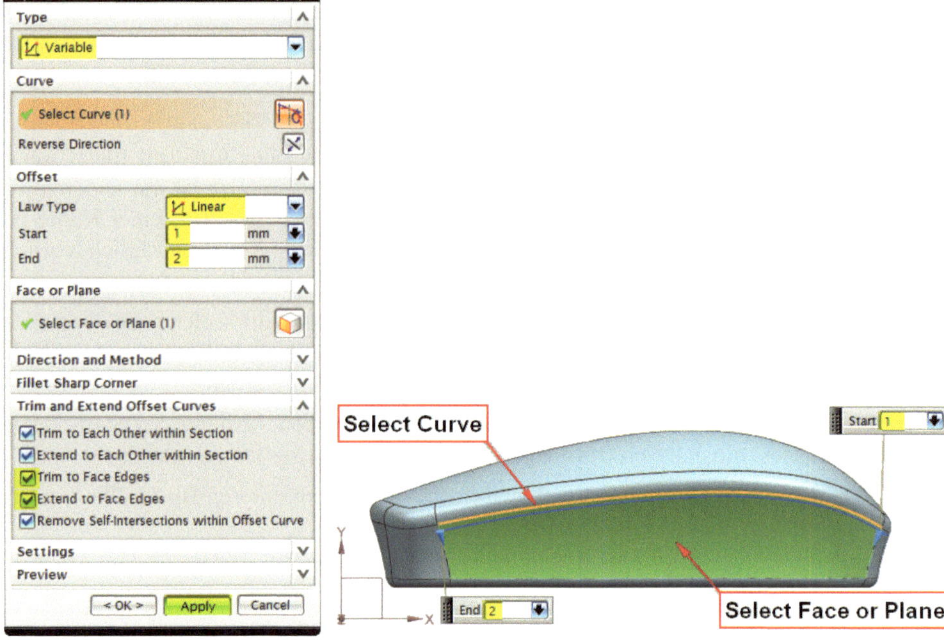

Bild 3-79 Auswahl für Offset Curve in Face – 2

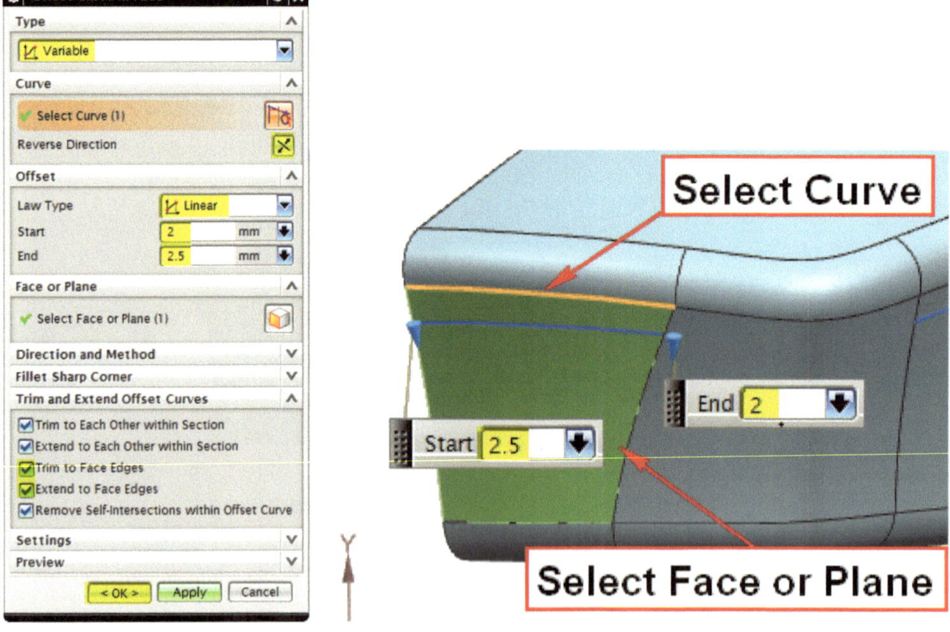

Bild 3-80 Auswahl für Offset Curve in Face – 3

3.2.10 Bridge Curve

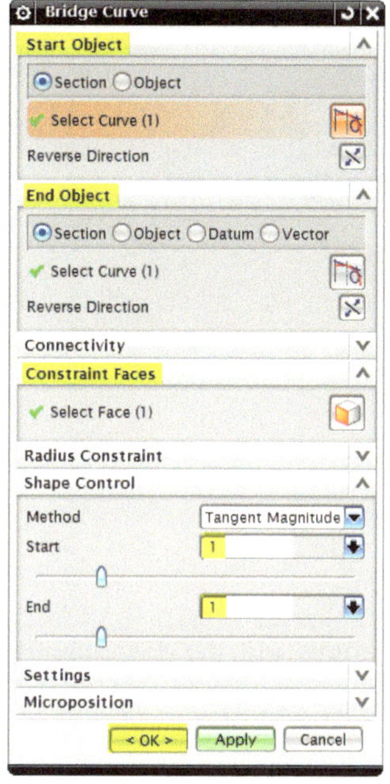

Um eine exakte Verbindung zwischen den beiden soeben erstellten Splines und der noch zu erstellenden Spline-Kopie der Eckfläche zu erreichen, muss dieser Spline mit der Funktion **BRIDGE CURVE [MENU > INSERT > DERIVED CURVE > BRIDGE CURVE]** erstellt werden.

Wählen Sie zunächst die beiden Splines als „**Start bzw. End Object**". Legen Sie wie abgebildet unter „**Constraint Faces**" die Fläche fest und bestätigen Sie dann mit **OK**.

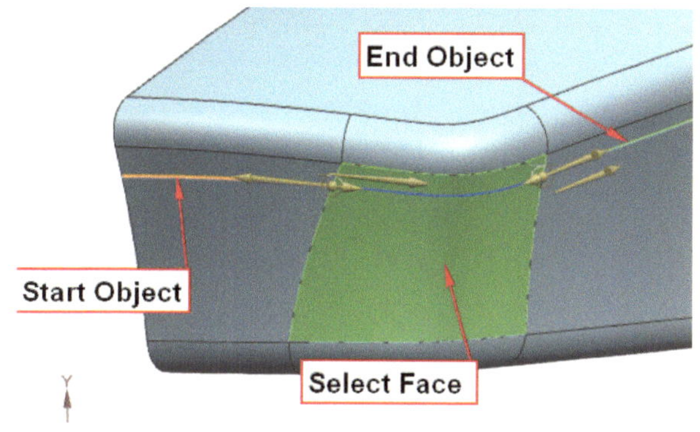

Bild 3-81 Offset Curve in Face – 4

3.2.11 Extract Geometry

Als Nächstes wird mittels der Funktion **EXTRACT GEOMETRY [MENU > INSERT > ASSOCIATIVE COPY > EXTRACT GEOMETRY]** eine Kopie der Seitenflächen erstellt.

Stellen Sie im Untermenü „**Type**" auf „**Face**" und im nächsten Untermenü bei **Face** die **Face Options** auf **Single Face**. Übernehmen Sie die Einstellungen aus dem **Bild 3-82.**

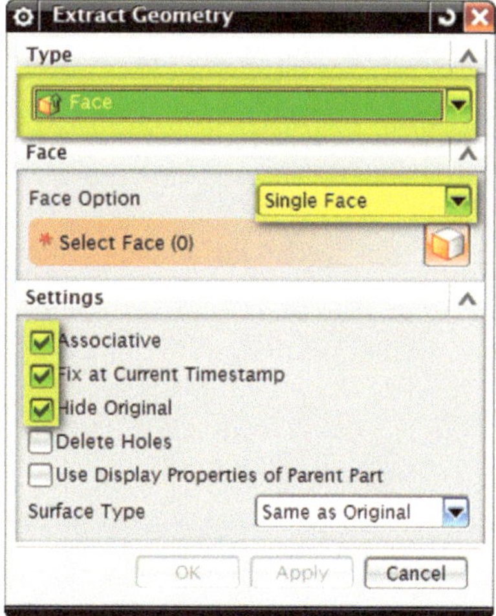

Bild 3-82 Extract Geometry

Selektieren Sie die im **Bild 3-83** markierten vier Seitenflächen und bestätigen die Auswahl mit **OK**.

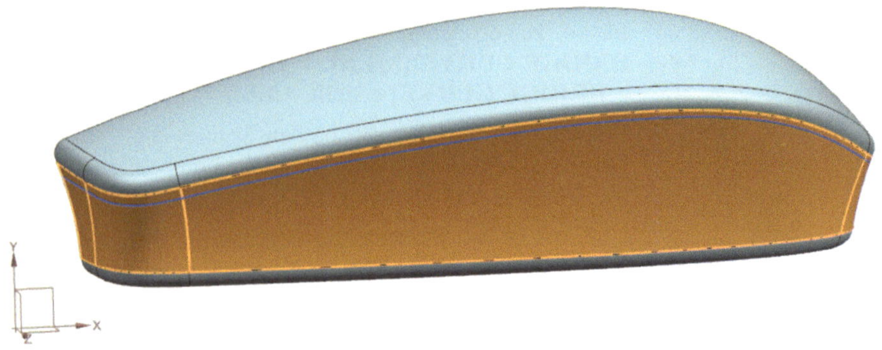

Bild 3-83 Extract Geometry Flächenauswahl

Die kopierten Flächen werden im **Part Navigator** als neue Features mit der Bezeichnung **Extracted Face** angezeigt.

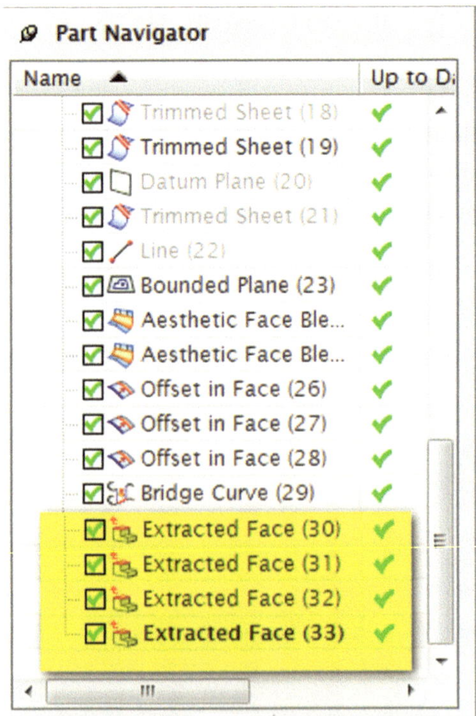

Bild 3-84 Part Navigator Extracted Face

Mit Hilfe der **TRIMMED SHEET [MENU > INSERT > TRIM > TRIMMED SHEET]** Funktion wird nun folgende Trimmung durchgeführt:

Bei der ersten Trimmung wird für „Target" die Seitenfläche unterhalb der Linie (wie im **Bild 3-85** als **Boundary Objects** definiert) selektiert. Somit bleibt die selektierte Fläche erhalten.

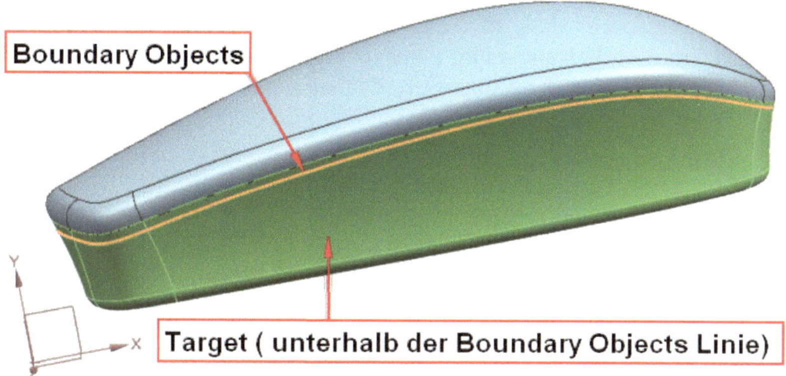

Bild 3-85 Auswahl für Trimmed Sheet

Bestätigen Sie die Auswahl mit **OK**.

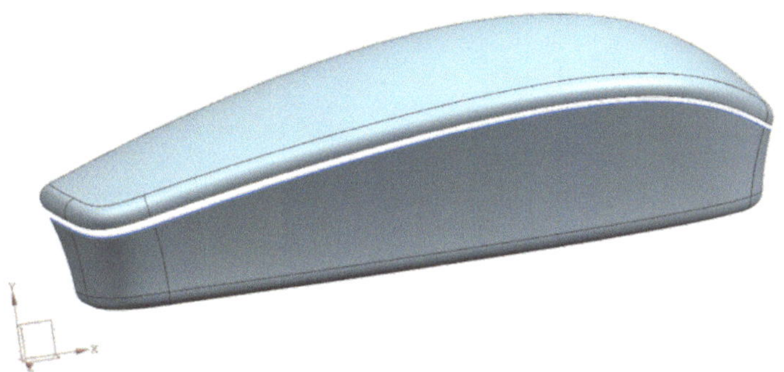

Bild 3-86 Maus nach der Trimmung

Markieren Sie als Nächstes die originalen Flächen im Part Navigator per **STRG** und Linksklick. Unmittelbar danach selektieren Sie die markierten Flächen per Rechtsklick und blenden diese wie im **Bild 3-87** markiert mit **SHOW** wieder ein.

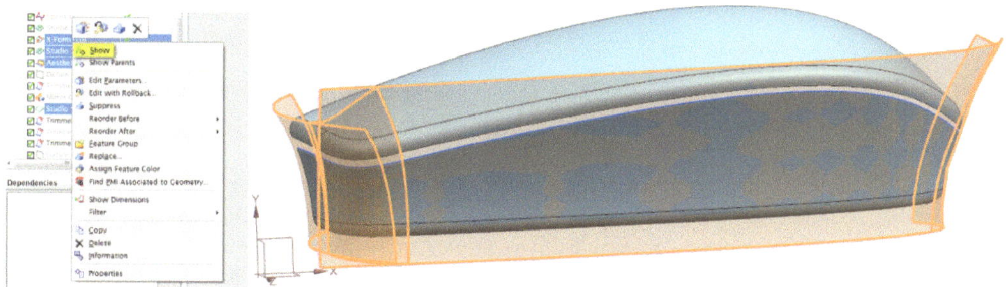

Bild 3-87 Auswahl der originalen Seitenflächen

Jetzt hat es den Anschein als ob die Flächen nicht getrimmt wurden. Das kommt daher weil sich mehrere Flächen überlagern. Für die zweite Trimmung ist eine neue Schnittkontur notwendig. Erneut werden mit **OFFSET CURVE IN FACE [MENU > INSERT > DERIVED CURVE > OFFSET IN FACE]** Kopien bereits bestehender Körperkanten erzeugt.

Verfahren Sie bei der Bearbeitung wie im **Bild 3-88** dargestellt. Achten Sie bei der Auswahl der Kanten und Flächen darauf, dass die Auswahlmethode auf **Single Curve** und **Single Face** gestellt ist, da anderenfalls alle Kanten und Flächen ausgewählt werden. Beachten Sie, dass die Richtung der Vektoren auf die ausgewählten Flächen gerichtet sein muss.

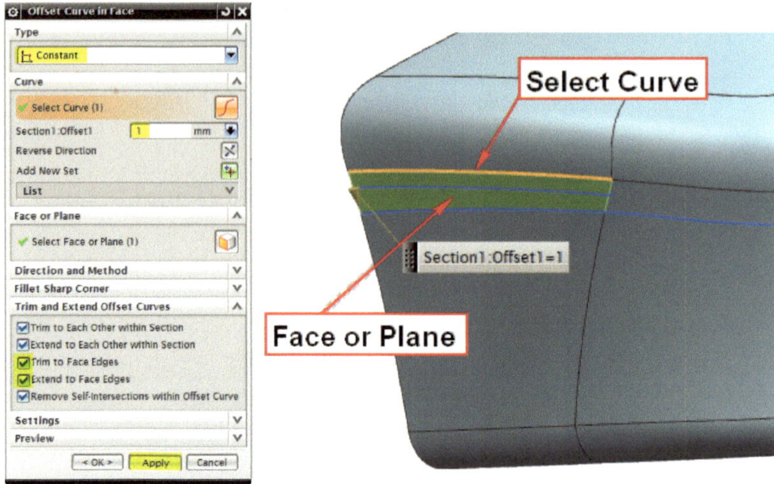

Bild 3-88 Auswahl für Offset Curve in Face-Frontfläche

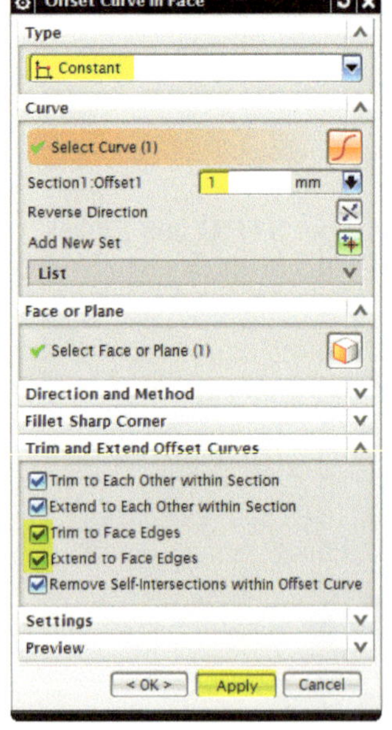

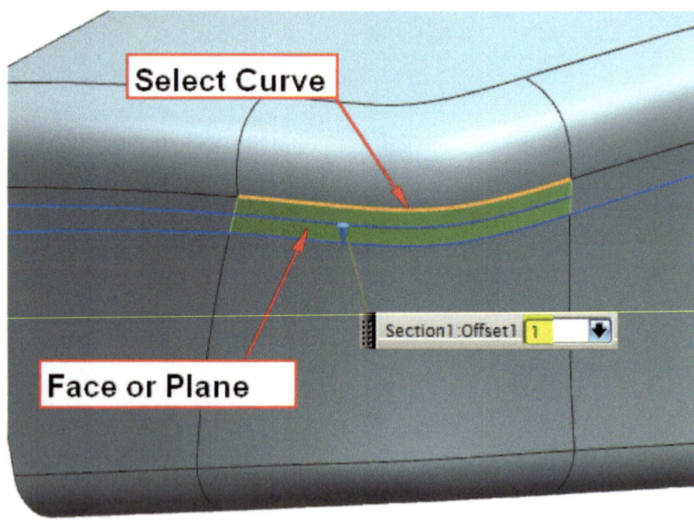

Bild 3-89 Auswahl für Offset Curve in Face-Übergang

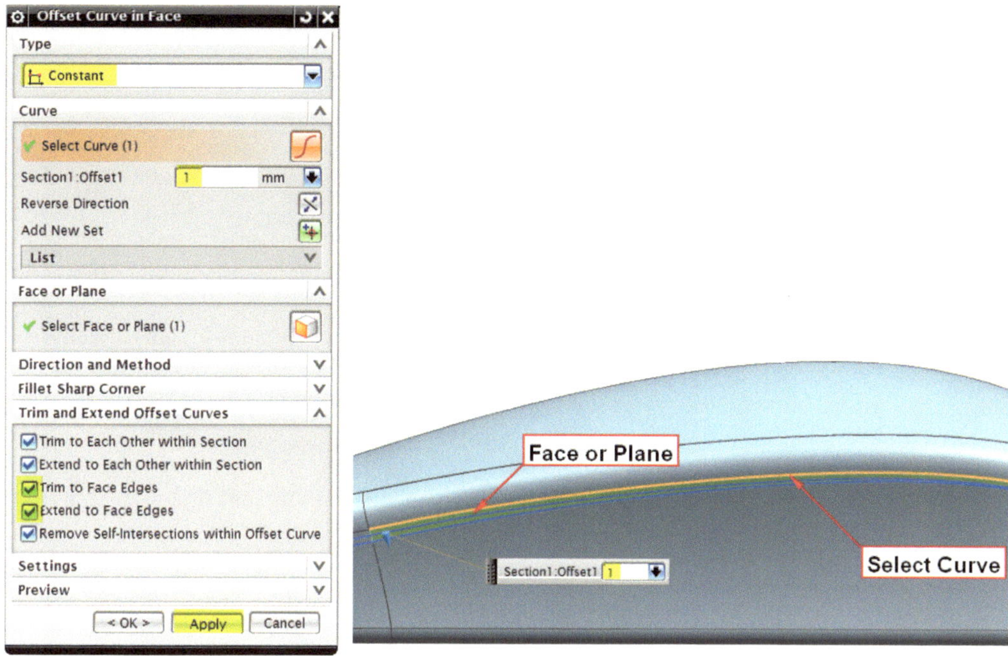

Bild 3-90 Auswahl für Offset Curve in Face-Seitenfläche

Um einfach eine Linie mit zwei Punkten zu generieren, soll mit Hilfe der Funktion **Section Curve** die Schnittmenge zwischen den zwei Linien und der noch fehlenden Hilfsebene erstellt werden.

Fügen Sie dazu mit Hilfe der Funktion **DATUM PLANE [MENU > INSERT > DATUM/POINT > DATUM PLANE]** eine Hilfsebene mit einem Abstand von **50** mm zur YZ–Ebene ein.

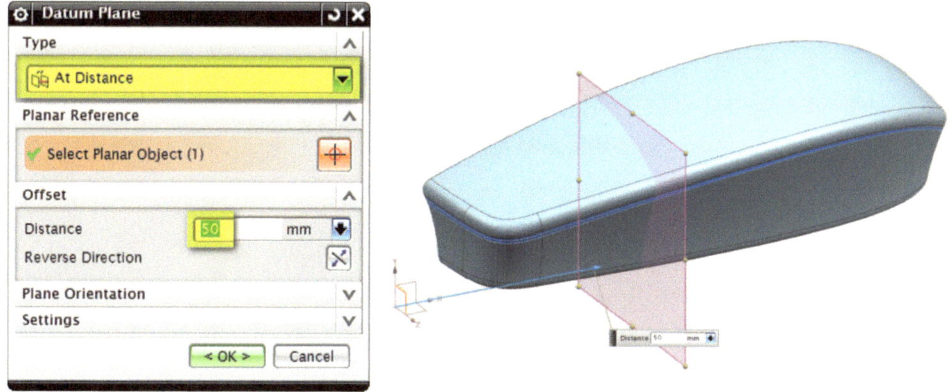

Bild 3-91 Einfügen einer Hilfsebene

3.2.12 Section Curve

Rufen Sie die Funktion **SECTION CURVE [MENU > INERT > DERIVED CURVE > SECTION CURVE]** auf.

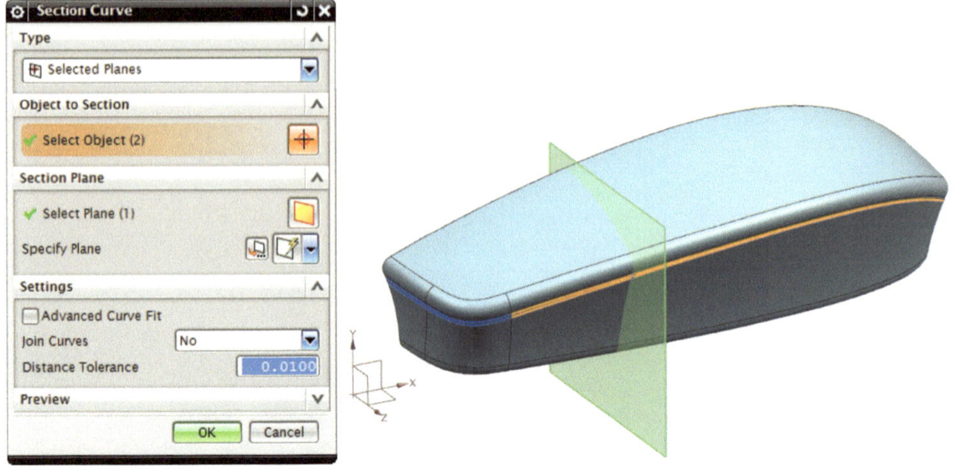

Bild 3-92 Auswahl für Section Curve

Im Untermenü **Object to Section** selektieren Sie die beiden im **Bild 3-92** markierten Linien und im Untermenü **Section Plane** geben Sie die zuvor erstellte Hilfsebene an. Bestätigen Sie die Auswahl mit **OK**. Das Resultat dieser Funktion sind zwei Punkte die exakt auf den beiden Linien liegen.

Erstellen Sie mit Hilfe der beiden Punkte eine Linie mittels der Funktion **LINE [MENU > INSERT > CURVE >LINE]**.

Um einen vorhandenen Punkt auswählen zu können, muss das Symbol **Existing Point** aktiviert sein. Damit es nicht zu einer ungewollten Selektion kommt, schalten Sie im Snap Point Menü alle Schaltflächen bis auf **Existing Point** aus.

Bild 3-93 Snap Point Menü

Gehen Sie bei der Auswahl der Punkte wie im **Bild 3-94** dargestellt vor.

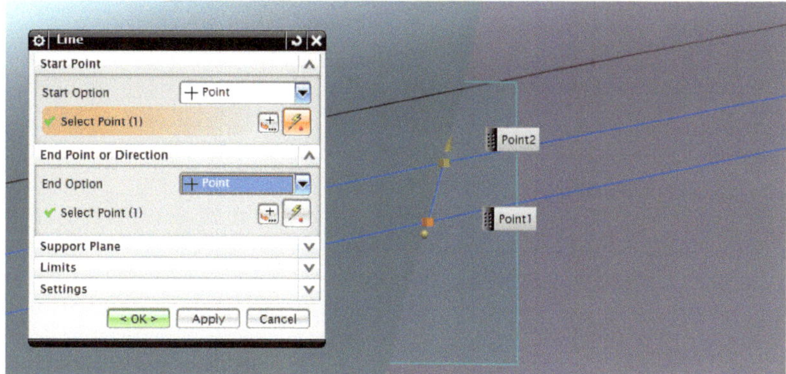

Bild 3-94 Line

Als Nächstes erfolgt eine Trimmung mit der Funktion **TRIMMED SHEET [MENU > INSERT > TRIM > TRIMMED SHEET].** Legen Sie die Position des Cursors bei der Auswahl für „**Target**" oberhalb der im **Bild 3-95** dargestellten Linie fest. Als **Boundary Objects** selektieren Sie die im **Bild 3-95** rot markierte Linie und bestätigen Sie mit **Apply**.

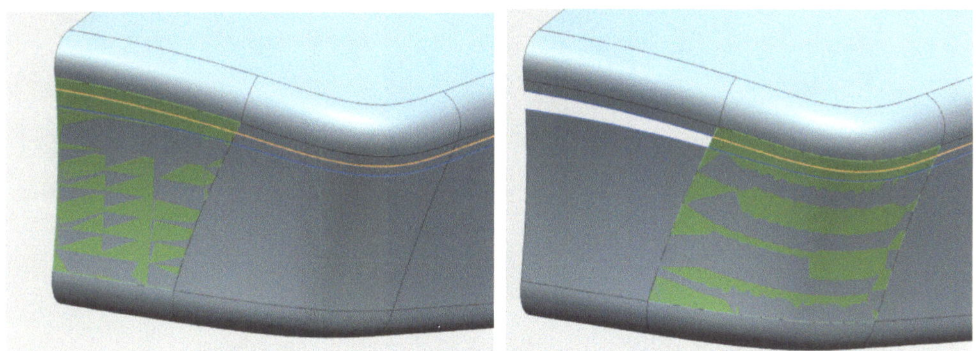

Bild 3-95 Auswahl für Trimmed Sheet Front und Radius

Da die seitliche Schnittkontur der Maus einen Absatz aufweist, muss vor der Auswahl der **Boundary Objects** das Symbol für **Stop at Intersection** in der Menüleiste **Selection Filter** aktiviert werden.

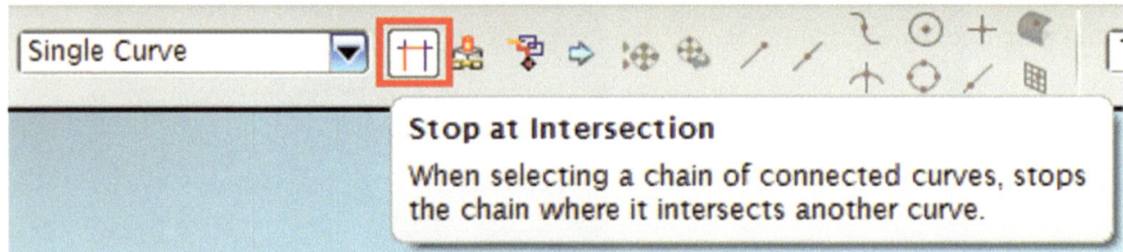

Bild 3-96 Stop at Intersection

Gehen Sie für die Trimmung der restlichen zwei Flächen analog zur ersten Trimmung vor.

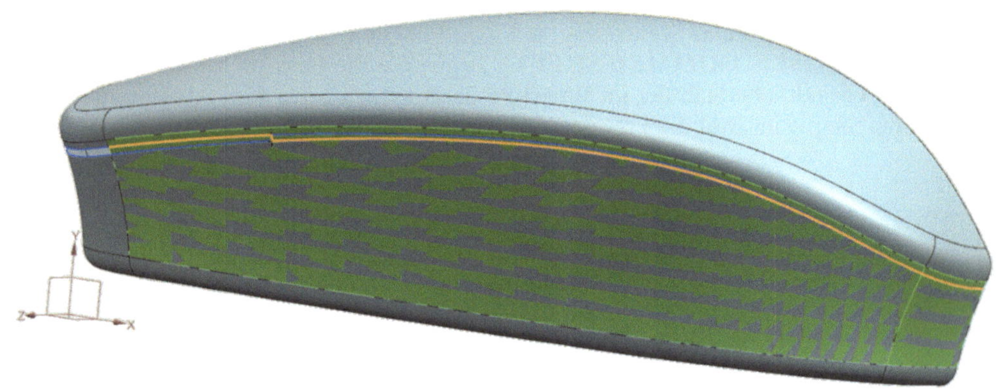

Bild 3-97 Auswahl für Trimmed Sheet

Das Ergebnis der Trimmung sollte wie im **Bild 3-98** dargestellt aussehen.

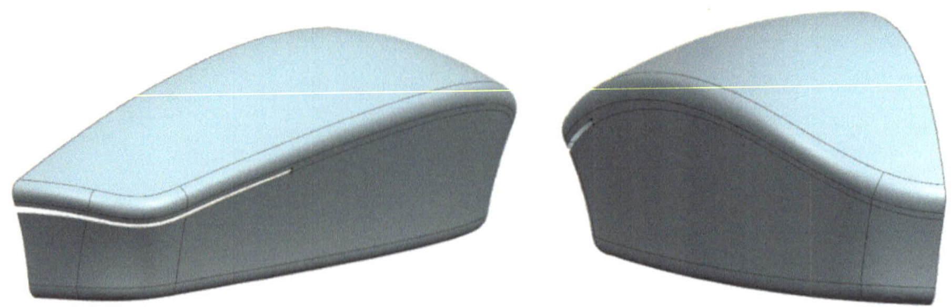

Bild 3-98 Auswahl für Trimmed Sheet

Um die Tasten der Maus mit dem notwendigen Spalt zu erzeugen, muss als Nächstes eine weitere Hilfsebene mit dem Abstand **0,5** mm zur vorherigen Hilfsebene erzeugt werden. Rufen Sie dazu wieder die Funktion **DATUM PLANE [MENU > INSERT > DATUM/POINT > DATUM PLANE]** auf und übernehmen Sie die Einstellungen aus **Bild 3-99**.

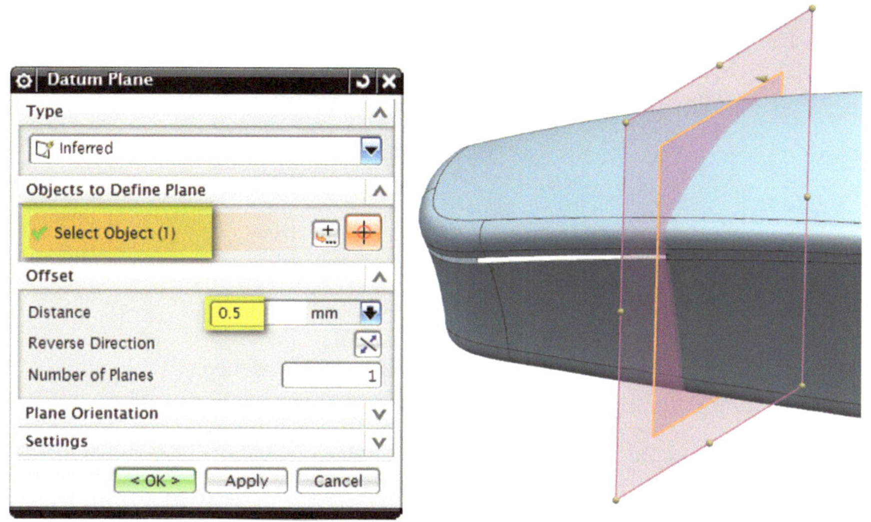

Bild 3-99 Zweite Hilfsebene

Da aus der oberen Hauptfläche die Maustasten sowie die Handauflagefläche entstehen sollen, müssen die notwendigen Flächen mehrfach mit Hilfe der Funktion **Extracted Geometry** kopiert werden. Rufen Sie dazu die Funktion **EXTRACTED GEOMETRY [MENU > INSERT > ASSOCIATIVE COPY > EXTRACTED GEOMETRY]** auf und übernehmen Sie die Vorgaben sowie die Flächenauswahl aus **Bild 3-100**.

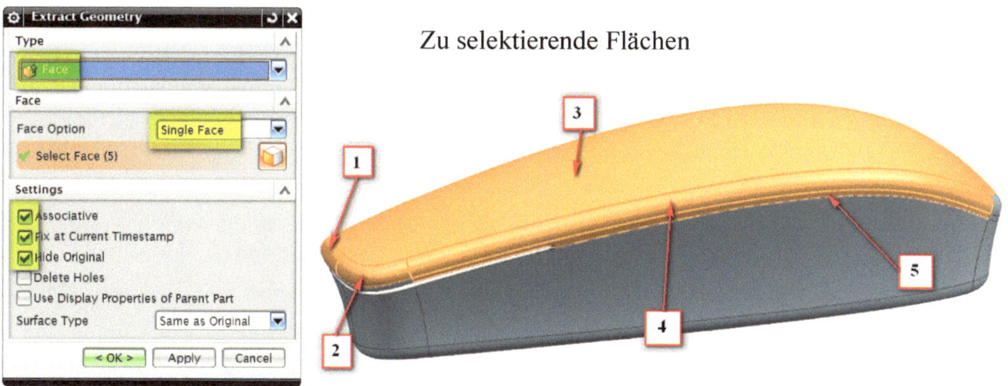

Bild 3-100 Flächenauswahl

Die daraufhin erscheinende Meldung können Sie mit **Yes** bestätigen.

Öffnen Sie die Funktion **TRIMMED SHEET [MENU > INSERT > TRIM > TRIMMED SHEET]**. Trimmen Sie die neu erstellten Kopien der fünf Flächen, sodass daraus die Maustasten resultieren. Für die Trimmung der Flächen benötigen Sie die zuletzt erstellte Hilfsebene. Setzten Sie die Position des Cursors bei der Auswahl für „**Target**" und die Auswahl für „**Boundary Objects**" wie im **Bild 3-101** dargestellt und bestätigen Sie mit **OK**.

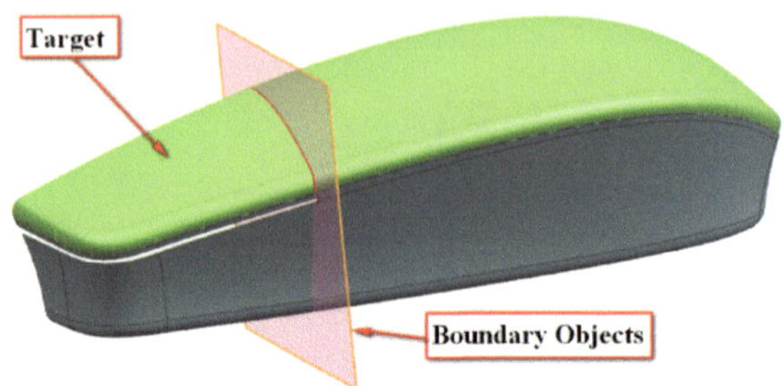

Bild 3-101 Trimmed Sheet

Das Ergebnis nach der Trimmung sollte wie im **Bild 3-102** aussehen.

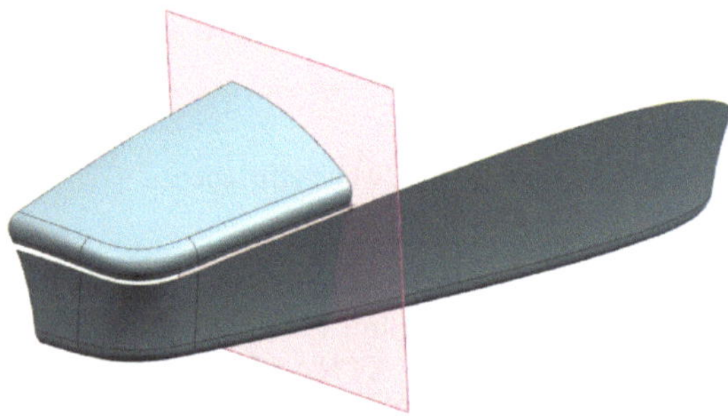

Bild 3-102 Ergebnis nach der Trimmung

Für die Handauflagefläche müssen die ausgeblendeten Originalflächen wieder eingeblendet werden. Starten Sie dazu die notwendige Funktion **SHOW** per Tastenkombination **[STRG+SHIFT+K]**. In der darauffolgenden Anzeige selektieren Sie die im **Bild 3-103** markierten Flächen, die zuvor automatisch von der Funktion Extract Geometry ausgeblendet wurden. Auch die im **Bild 3-103** markierte Hilfsebene sollte wieder sichtbar gemacht werden.

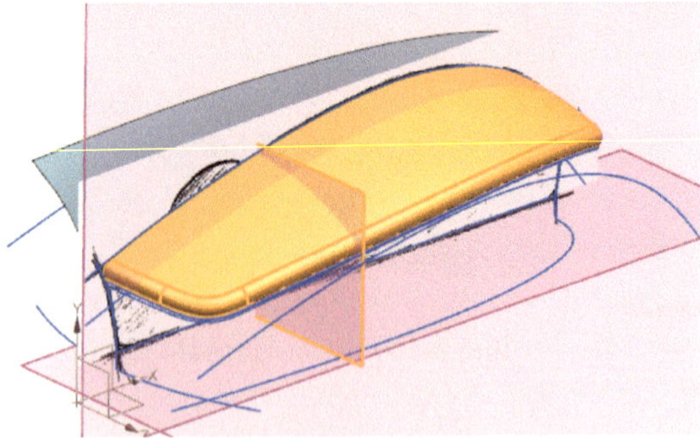

Bild 3-103 Auswahl im Hide-Bereich

Abschließend kann die Fläche mit der Trimmfunktion an der soeben eingeblendeten Hilfsebene getrimmt werden. Rufen Sie dazu die Funktion **TRIMMED SHEET [MENU > INSERT > TRIM > TRIMMED SHEET]** auf und verfahren Sie wie im **Bild 3-104** dargestellt.

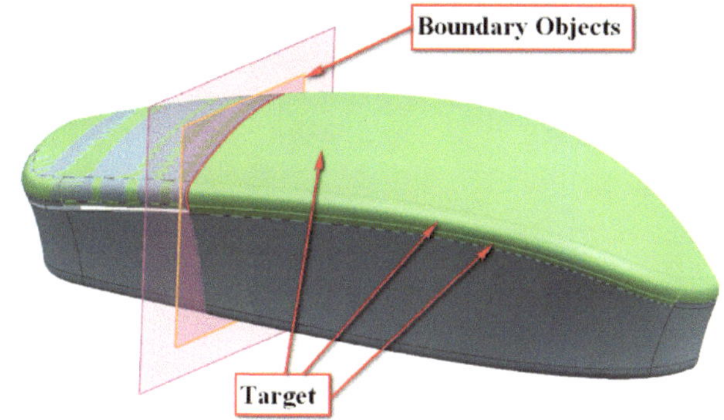

Bild 3-104 Auswahl im Hide-Bereich

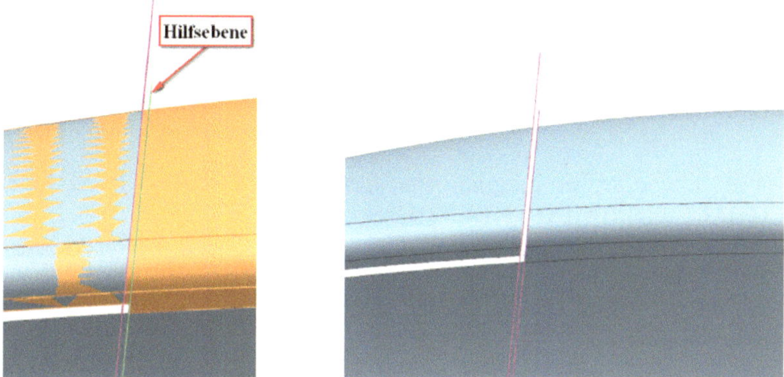

Bild 3-105 Maustaste mit Spalt

Das Gesamtergebnis sollte wie im **Bild 3-106** dargestellt aussehen.

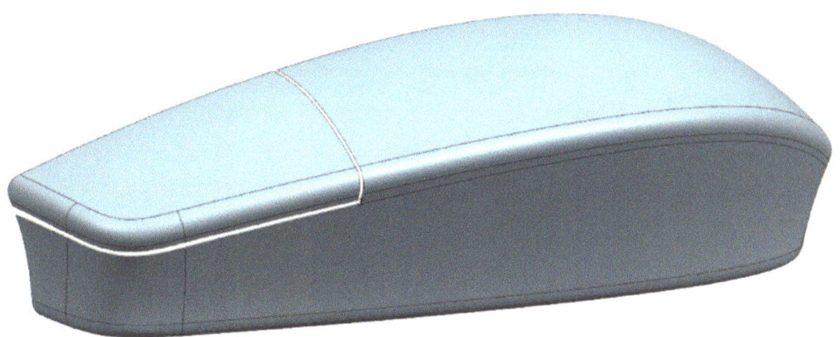

Bild 3-106 Maustaste mit Spalt – 2

Um den Spalt zwischen den beiden Maustasten zu erzeugen, muss zunächst wieder eine Ebene wie im **Bild 3-107** dargestellt mit der Funktion **DATUM PLANE [MENU > INSERT > DATUM/POINT > DATUM PLANE]** erzeugt werden.

Wählen Sie unter „**Type**" die Einstellung „**At Distance**" und selektieren Sie wie im **Bild 3-107** dargestellt im Untermenü „**Planar Reference**" die **XY-Ebene** im Hilfskoordinatensystem.

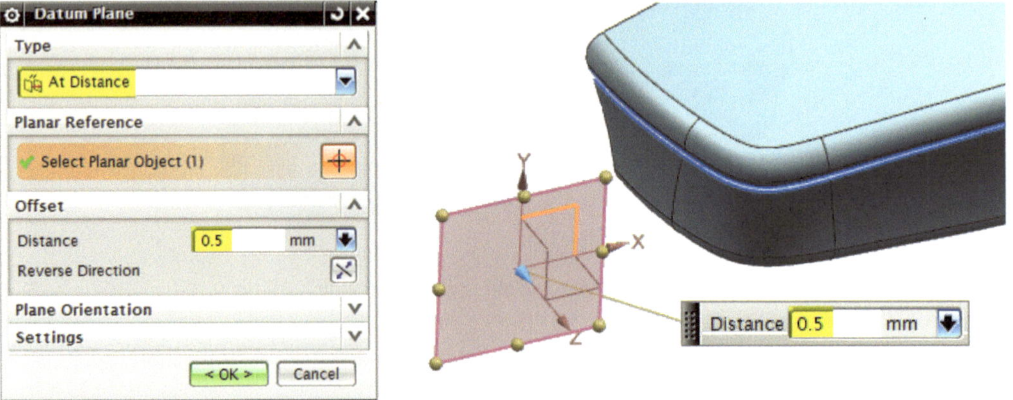

Bild 3-107 Datum Plane

Mit Hilfe dieser Ebene ist es möglich eine Trimmung **TRIMMED SHEET [MENU > INSERT > TRIM > TRIMMED SHEET]** durchzuführen.

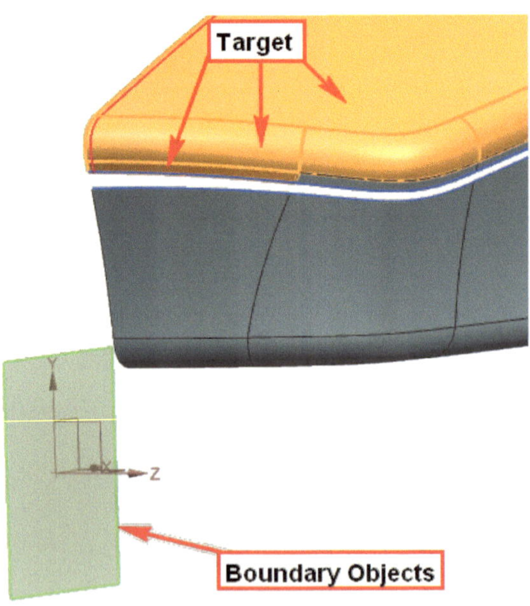

Bild 3-108 Auswahl für Trimmed Sheet

Um jetzt das Mausrad zu erstellen, muss zuvor die Skizze der Maus sichtbar gemacht werden, um die ungefähre Position bzw. Dimension bestimmen zu können.

Hierzu muss im **Part Navigator** in dem Ordner Image die Datei Maus angewählt werden.

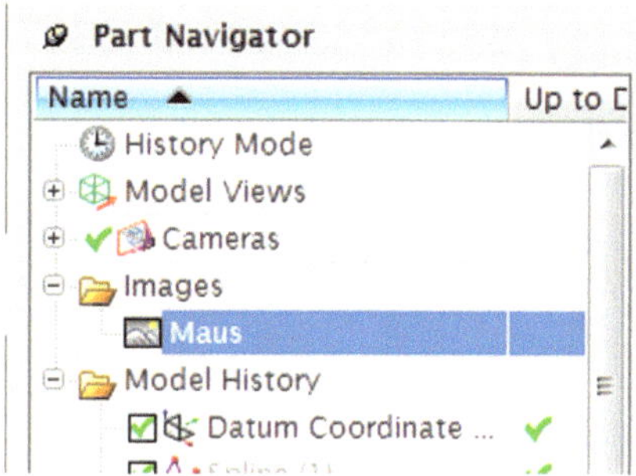

Bild 3-109 Part Navigator

Anschließend wird unter dem Reiter ‚**Dependencies**‘ wie im **Bild 3-110** dargestellt der Haken bei **Raster Image** gesetzt. Jetzt sollte die Zeichnung wieder sichtbar sein.

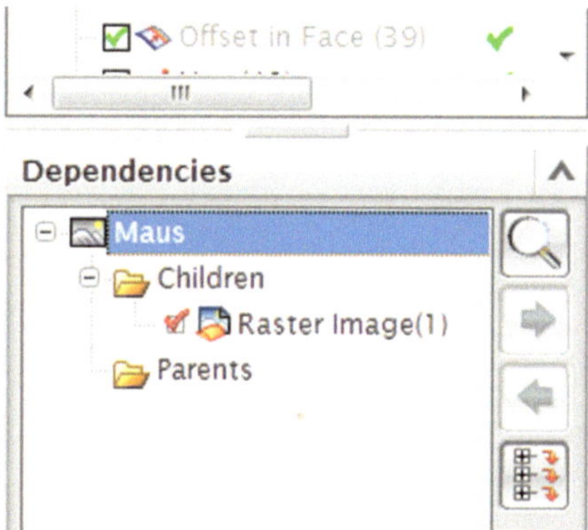

Bild 3-110 Dependencies

Mit der **F8** Taste können Sie die Ausrichtung der Maus in die in der Abbildung **Bild 3-111** dargestellte Position automatisch vornehmen. Bewegen Sie hierzu die Maus ungefähr in die angedeutete Position und betätigen dann die Taste **F8**.

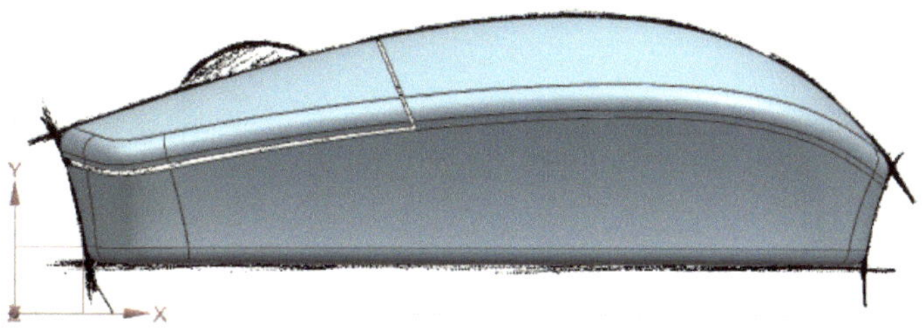

Bild 3-111 Sketch und Modell

3.2.13 Cylinder

Öffnen Sie die Funktion **CYLINDER [MENU > INSERT > DESIGN FEATURE > CYLINDER].**

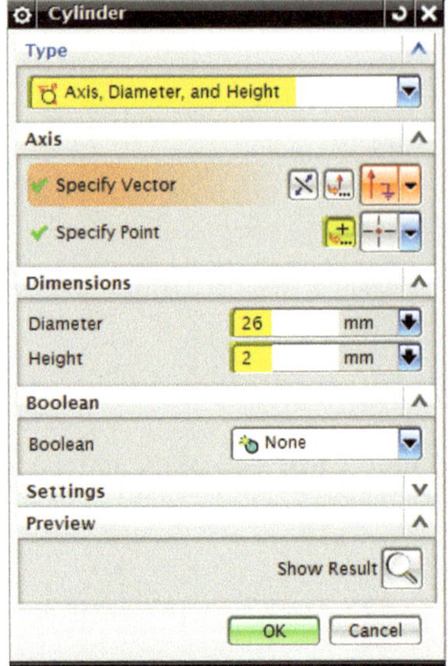

Wählen Sie zunächst unter „**Axis**" für „**Specify Vector**" die Z-Achse aus.

Setzten Sie den Punkt unter „**Specify Point**" indem Sie zunächst das im **Bild 3-112** gelb markierte Symbol (Point Dialog) anklicken.

Bild 3-112 Cylinder

Geben Sie in dem sich öffnenden Fenster „**Point**" die im **Bild 3-113** vorgegeben Werte ein.

Nachdem Sie mit OK bestätigt haben können Sie noch unter „Dimensions" den Durchmesser mit **26 mm** und die Höhe mit **2 mm** angeben. Bestätigen Sie wieder mit **OK**.

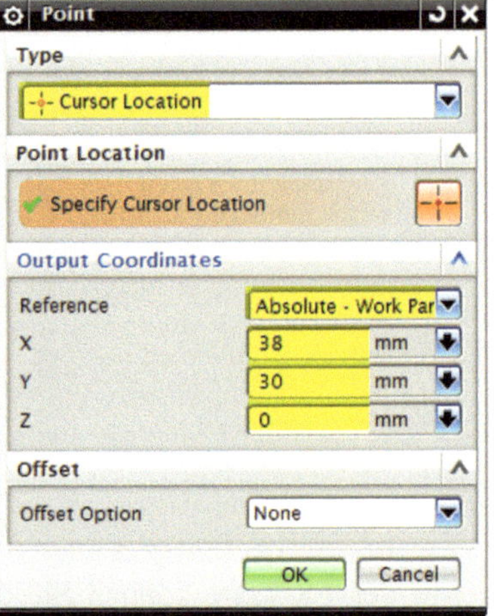

Bild 3-113 Point

3.2.14 Mirror Geometry

Als Nächstes können die Flächen mit der Funktion **MIRROR GEOMETRY [MENU > INSERT > ASSOCIATIVE COPY > MIRROR GEOMETRY]** gespiegelt werden.

Selektieren Sie unter „**Geometry to Mirror**" alle Seitenflächen und den Zylinder. Als Spiegelebene unter „**Mirror Plane**" ist die XY–Ebene im Hilfskoordinatensystem auszuwählen. Bestätigen Sie mit **OK**.

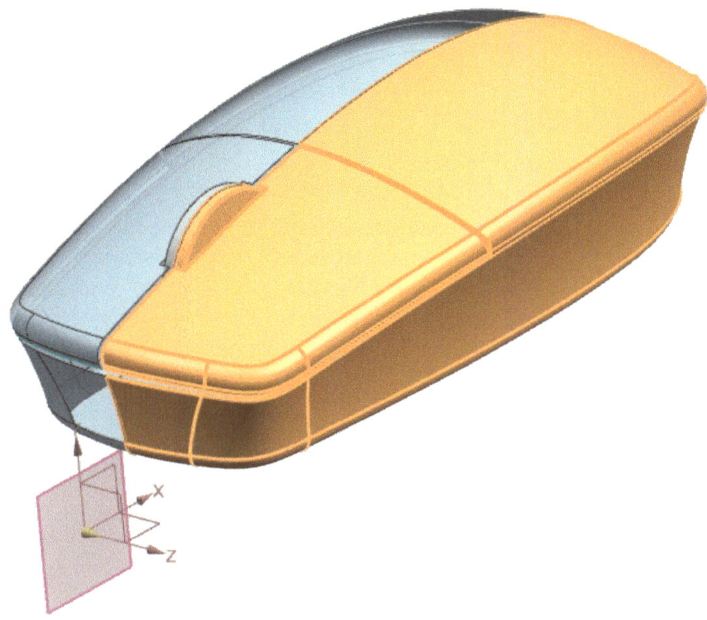

Bild 3-114 Mirror Geometry – Maus komplett

3.2.15 Unite

Mit der Funktion **UNITE [MENU > INSERT > COMBINE > UNITE]** werden die beiden durch die Spiegelung entstandenen Zylinder zu einer Geometrie vereint.
Wählen Sie unter „**Target**" und „**Tool**" jeweils einen der beiden Zylinder aus und bestätigen Sie dann mit **OK**.

Mit Hilfe der Funktion **X-FORM [MENU >EDIT > CURVE >X-FORM]** wird die umlaufende Fläche des Mausrades gekrümmt.

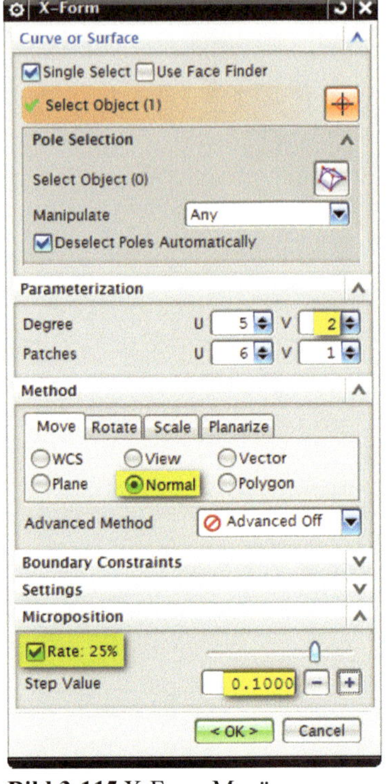

Bild 3-115 X-Form Menü

Wählen Sie unter „**Curve or Surface**" den Umfang des Mausrads. Im Untermenü „**Parameterization**" stellen Sie unter ‚**Degree**' den Wert für ‚**V**' auf **2**.

Es entsteht eine mittlere Polyline (Pollinie) mit der die Form des Mausrads verändert werden kann. Im Untermenü „**Microposition**" können Sie auf Wunsch die Empfindlichkeit, mit der Sie an der Polyline ziehen einstellen. Dafür setzten Sie den Haken bei ‚**Rate: 25%**' und wählen für den „**Step Value**" den Wert **0.1**.

Ziehen Sie die mittlere Polyline (Bild 3-116), um dem Mausrad die gewünschte Form zu verleihen.

Wenn Sie mit der Formgebung zufrieden sind, bestätigen Sie Ihre Eingaben mit **OK**.

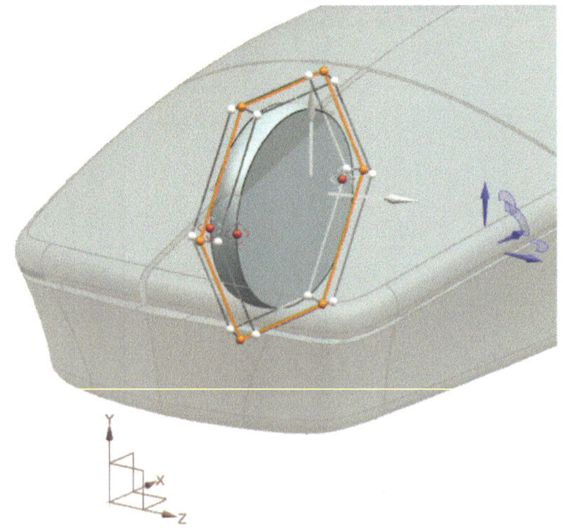

Bild 3-116 X-Form

Als Nächstes werden die Kanten des Mausrads mit der Funktion **EDGE BLEND [MENU > INSERT > DETAIL FEATURE > EDGE BLEND]** verrundet.

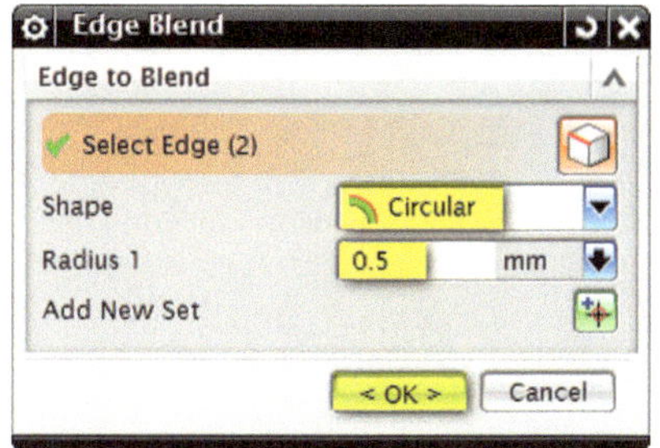

Wählen Sie die zwei Kanten des Mausrads aus. Übernehmen Sie die gelb markierten Einstellungen aus dem **Bild 3-117** und bestätigen Sie die Eingaben mit **OK**.

Bild 3-117 Egde Blend

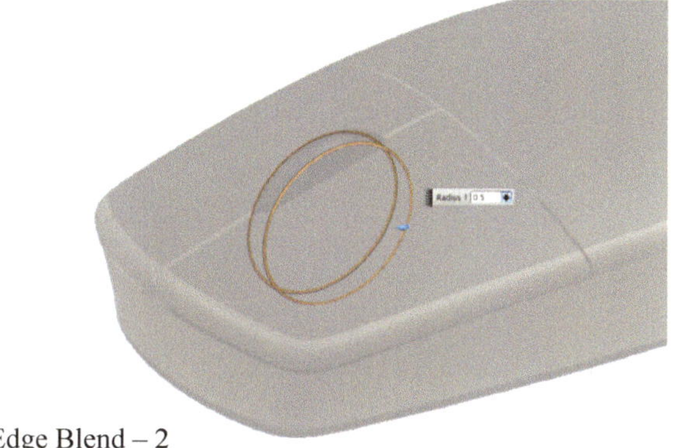

Bild 3-118 Edge Blend – 2

Mit **OFFSET SURFACE [MENU > INSERT > OFFSET/SCALE > OFFSET SURFACE]** wird jetzt eine Kopie der Zylinderoberfläche (Mausrad) in einem Abstand von **0.5** mm erzeugt.

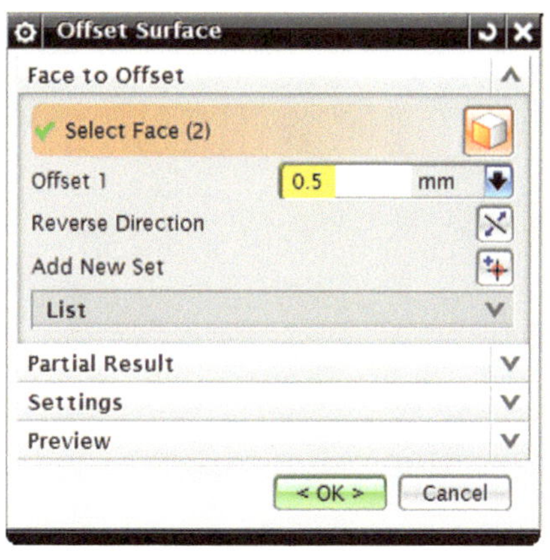

Wählen Sie dazu die beiden Oberflächen des Zylinders für „**Select Face**" unter „Face to Offset" aus und geben Sie anschließend für **Offset 1** den Wert **0.5 mm** ein. Bestätigen Sie mit **OK**.

Bild 3-119 Offset Surface

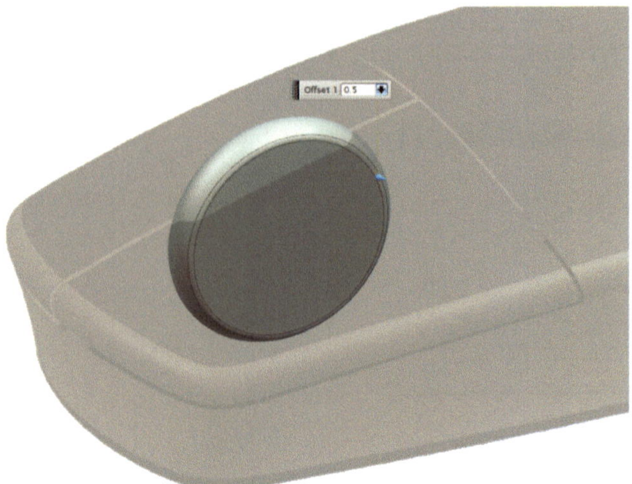

Bild 3-120 Ergebnis Offset Surface

Mit **TRIMMED SHEET [MENU > INSERT > TRIM > TRIMMED SHEET]** wird die
Fläche um das Mausrad getrimmt.

Setzen Sie die Position des Cursors bei der Auswahl für „**Target**" und die Auswahl für
„**Boundary Objects**" wie in **Bild 3-122** dargestellt und bestätigen Sie mit **OK**.

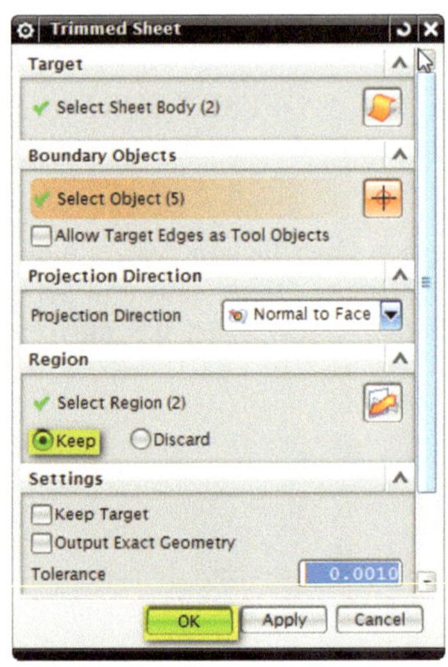

Bild 3-121 Trimmed Sheet

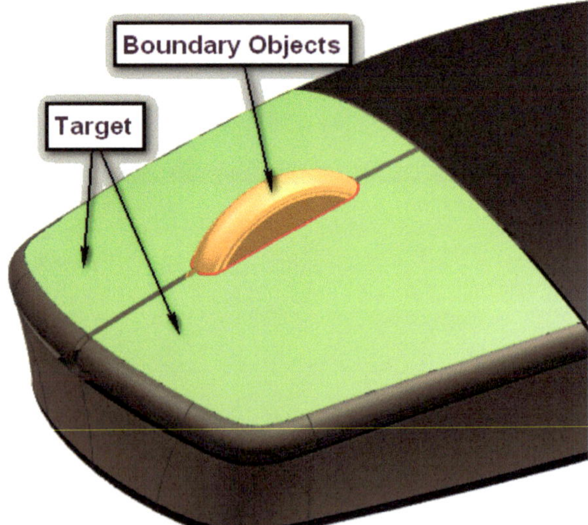

Bild 3-122 Flächenauswahl

Blenden Sie den Arbeitsschritt „**Offset Surface**" per Rechtsklick und ‚**Hide**' im Part Navigator
wieder aus.

Die Computermaus ist fertiggestellt und sollte wie unten im **Bild 3-123** abgebildet aussehen.

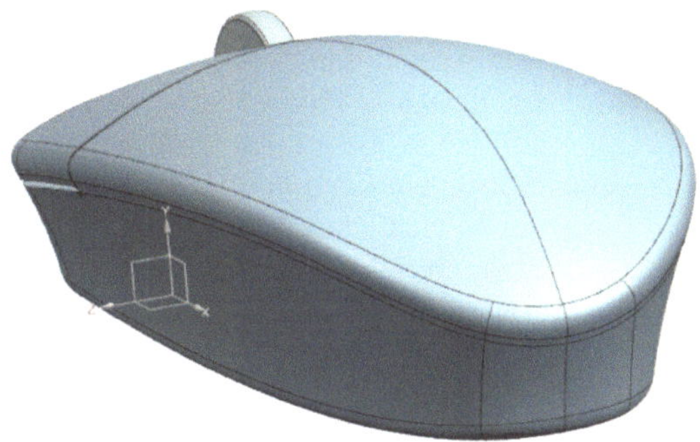

Bild 3-123 Computermaus komplett

3.3   Organisieren der Konstruktionsdaten

Organisation ist auch in der CAD-Welt ein sehr wichtiges Thema. Durch die Datenorganisation soll die Konstruktion:

- übersichtlich

- nachvollziehbar

- ressourcenschonend

- reproduzierbar

werden.

Wie auch Ihnen am Beispiel der Autofelge und der Maus aufgefallen sein müsste, entstehen während der Konstruktion sehr viele Hilfsgeometrien. Am Ende der Konstruktion sind die Hilfsgeometrien zur Visualisierung des Produktes nicht mehr notwendig. Es ist von Vorteil, diese *„überflüssigen"* Elemente auch bei Bedarf ein- oder ausschalten zu können. In diesem Kapitel werden Ihnen die Vorgehensweise sowie die dabei benötigten Werkzeuge vorgestellt.

3.3.1 Show and Hide

Das System NX stellt den Usern zwei Seiten für die Konstruktion bereit. Diese zwei Seiten sind die Show-Seite, in der sich der User während der Modellierung befindet und die Hide-Seite, die für den User nicht sichtbare Seite. Vorstellen kann man sich das wie ein Blatt Papier, auf dem man entweder auf der Vorder- oder Rückseite schreiben kann. Mit der Funktion **Show and Hide** lassen sich Elemente oft sehr schnell und einfach ein- oder ausblenden. Das Problem bei der **Show-and-Hide**-Funktion ist, dass alle Hilfsgeometrien immer aktiv im Arbeitsspeicher geladen werden. Dies kann schon bei größeren und komplizierten Baugruppen zu Performanceeinbußen führen. Ein weiteres Problem kann bei der Umschaltung zwischen der Show- und Hide-Seite bei größeren Baugruppen entstehen. Wenn von jeder Komponente die Hilfsgeometrien aktiv im Show oder Hide wären, könnte man als User sehr schnell den Überblick verlieren. Damit das nicht vorkommt verwendet man die Layer-Technik.

3.3.2 Layer

Das Datenmanagement im NX funktioniert über die Layer-Belegung. In NX 9.0 gibt es 256 Layer. Layer kann man sich vorstellen wie Seiten von einem Buch oder Heft. Man kann die Layer nach Bedarf ein- oder ausschalten. Das System benötigt und hat immer einen aktiven Work-Layer. Das Work-Layer lässt sich nicht ausschalten aber beliebig verändern. Als Work-Layer kann der User einen von 1 bis 256 möglichen Layer aussuchen. Man kann die Nummer des Work-Layers beliebig oft wechseln. Alle neu erzeugten Elemente werden immer zuerst auf dem Work-Layer erstellt. Die Elemente lassen sich natürlich auch später beliebig oft auf einen anderen Layer verschieben. Die Belegung der Layer, sprich welche Elemente auf welchen Layer gehören, ist meist anwenderspezifisch. Oft haben die Firmen interne Vorgaben an die sich der Konstrukteur halten muss.

Im linken **Bild 3-124** sind alle Layer eingeschaltet und damit alle Elemente auf den Layern sichtbar. Im rechten Teil sind alle Hilfsgeometrien nicht sichtbar da alle Layer bis auf den Layer 1 ausgeschaltet sind.

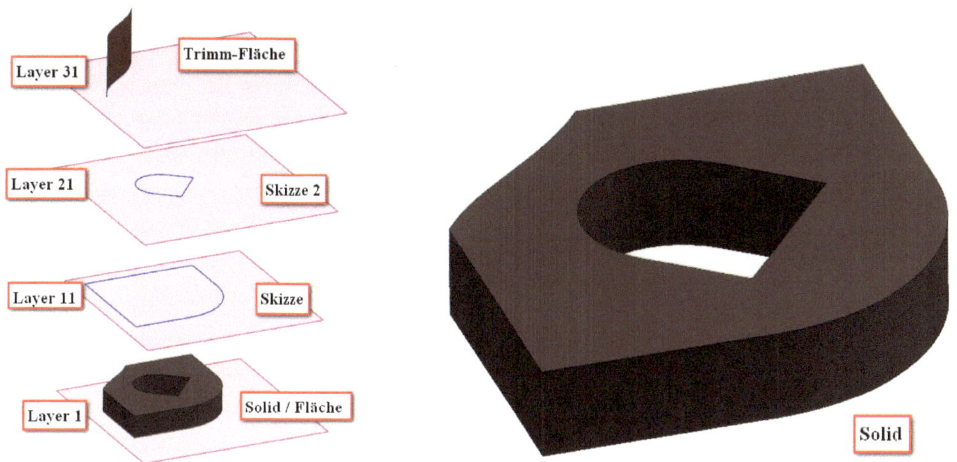

Bild 3-124 Layer-Belegung

Layer-Nummer	Element
1	Solid (Shell), Sheet Bodies
60 - 69	Datum Plane, DCS, Vector
10 - 29	Sketch
30 - 39	Schnittflächen, Offsetflächen, Offsetkurven

Die hier vorgeschlagene Layer-Belegung ist eine Möglichkeit von vielen. Die Elemente, welche das Ergebnis der Konstruktion darstellen, werden je nachdem, um welchen Elementtyp es sich dabei handelt, auf Layer 1 oder 2 abgelegt. Dabei werden in der Regel Solids und Sheet Bodies auf Layer 1 und Linien auf Layer 2 abgelegt. Auf Layer 3 liegen meist Mittelinien, auf Layer 10 - 29 alle Sketches und auf Layer 30 - 39 alle Hilfskörper wie Flächen, Körper und Linien.

3.3.3 Suppress / Unsuppress – Aktiv- / Inaktivschalten der Features

Manchmal werden auch die Features einfach per Häkchen aktiv oder inaktiv geschaltet. Damit werden Funktionen nicht unsichtbar geschaltet sondern vielmehr deaktiviert. Das wird sehr oft von NX-Neulingen verwechselt, weil man es eventuell am Anfang nicht besser weiß. Manchmal wird auch ein Feature bewusst deaktiviert, um z. B. Varianten aufzeigen zu können oder zur Problemlösung. Das Problem bei der Deaktivierung von Features ist, dass wenn man eine Linie deaktiviert mit der zuvor eine Fläche erstellt wurde, auch die Fläche automatisch deaktiviert wird. Das heißt, dass sich diese Vorgehensweise nicht für ein gutes Datenmanagement eignet.

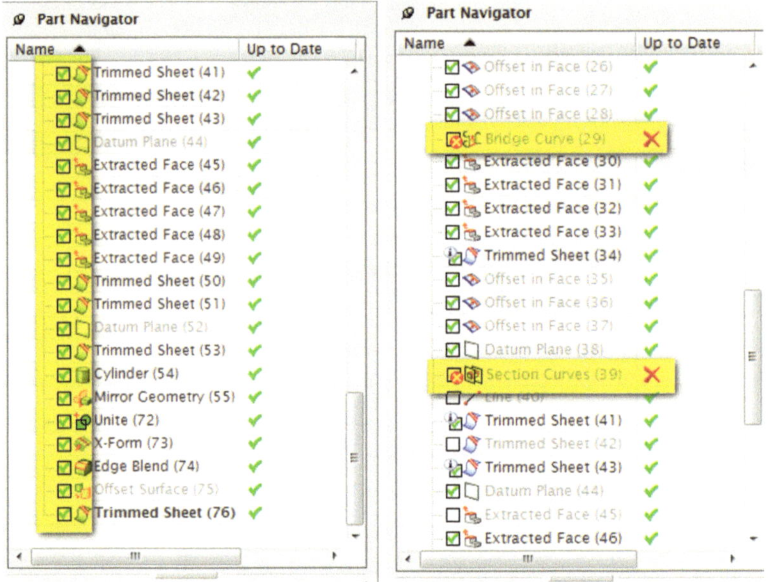

Bild 3-125 Suppress/Unsuppress

3.4 Datenmanagement am Beispiel Computermaus

Für das Datenmanagement am Beispiel Computermaus blenden Sie alle Konstruktionselemente über den Befehl **SHOW ALL [MENU > EDIT > SHOW AND HIDE > SHOW ALL]** ein. Damit werden alle Elemente die bis jetzt konstruiert wurden auf der Show-Seite dargestellt.

3.4.1 Move to Layer

Starten Sie als Nächstes die Funktion **MOVE TO LAYER [MENU > FORMAT > MOVE TO LAYER]** damit Sie die Zuweisung der Elemente auf bestimmte Layer durchführen können.

Es erscheint das **Class-Selection**-Fenster. Stellen Sie als Nächstes unter **Selction Filter** in der Menüleiste den Filter auf **Curve.** Damit lassen sich nur noch Kurven selektieren.

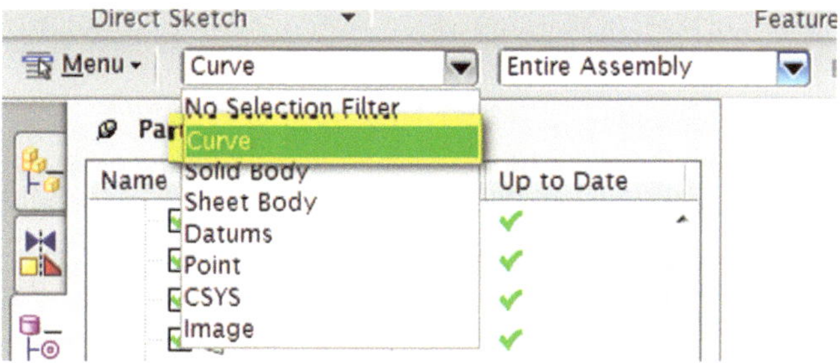

Bild 3-126 Umstellen der Filter auf Curve

Drücken Sie auf die Schaltfläche **Select All**. Achten Sie dabei darauf, dass alle Elemente im sichtbaren Bereich des Bildschirms sind. Falls es nicht so sein sollte zoomen Sie die Konstruktion vorher etwas raus.

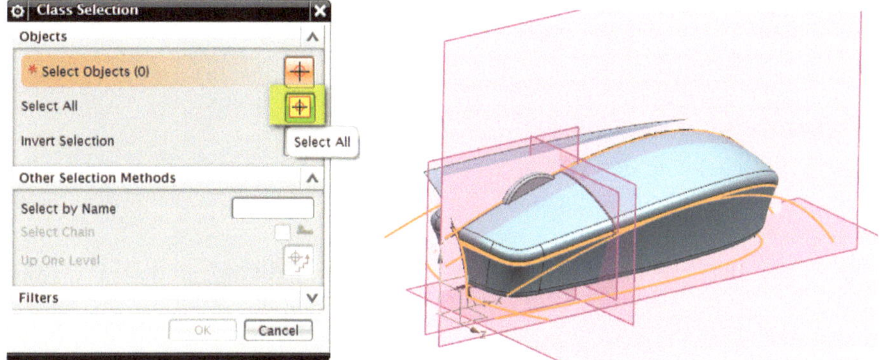

Bild 3-127 Auswahl alle Linien

Bestätigen Sie die Auswahl mit **OK**.

Es erscheint das **Layer-Move**-Fenster. Tippen Sie einfach unter **Destination Layer or Category** die Zahl ein und bestätigen mit **OK**.

Damit werden alle Linien gleichzeitig auf den Layer 20 verschoben. Als Nächstes verschieben Sie alle Hilfsebenen nach dem gleichen Prinzip auf Layer 61, die Handskizze auf Layer 50 und den Hilfskörper (Seitenfläche als Mirror Geometry) auf Layer 31. Nach der Verschiebung der Elemente auf andere Layer sehen Sie zunächst noch keinen Unterschied zu vorher. Das kommt daher, weil die Layer (20, 31, 50 und 61) auf die Sie die Elemente verschoben haben, immernoch eingeschaltet und sichtbar sind.

Mit Hilfe der Funktion **Layer Settings** kann man gezielt Layer ein- oder ausschalten.

Bild 3-128 Layer für Linien

3.4.2 Layer Settings

Rufen Sie die Funktion **LAYER SETTINGS [MENU > FORMAT > LAYER SETTINGS]** auf.

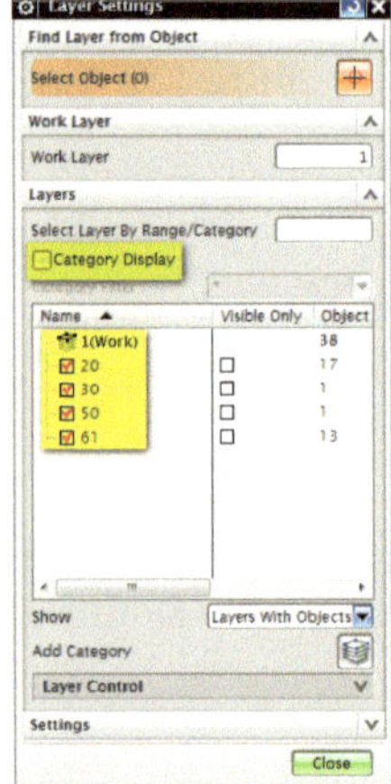

Es erscheint das **Layer-Settings**-Fenster. Achten Sie darauf, dass kein Häckchen bei **Category Display** gesetzt wurde.

Weiter unten im Menü sehen Sie nur die Layer welche auch Objekte beinhalten. Mit Hilfe der roten Häkchen kann man einfach den gewünschten Layer ein- oder ausschalten. Lediglich das Work-Layer lässt sich nicht ausschalten. Schalten Sie die Layer 20, 30, 50 und 61 aus.

Damit sind alle Objekte wirklich ausgeschaltet und nicht nur einfach in den Hide-Bereich verschoben.

Bild 3-129 Layer Settings

3.4.3 Farbzuweisung der Objekte

Für bessere Unterscheidung der Teilbereiche eines Produktes oder damit einfach während der Konstruktion eine gefälligere Farbgebung die Oberflächen schmückt, kann man Objekte nach eigenem Geschmack einfärben.

Rufen Sie dazu die Funktion **OBJECTS DISPLAY [MENU > EDIT > OBJECTS DISPLAY]** auf. Es erscheint das **Class-Selection**-Fenster. Selektieren Sie die im **Bild 3-130** markierten Flächen der beiden Maustasten und bestätigen die Auswahl mit **OK**. Im darauffolgenden Fenster **Edit Object Display** klicken Sie im Untermenü ‚Basic' auf die im **Bild 3-130** markierte Schaltfläche.

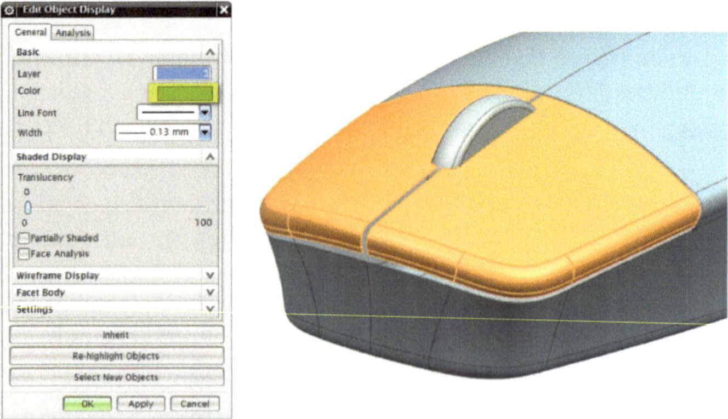

Bild 3-130 Edit Object Display

Daraufhin wird das Untermenü Color aufgerufen. Sie können nun beliebig eine Farbe aus der **Palett** oder aus **Favorites** aussuchen.

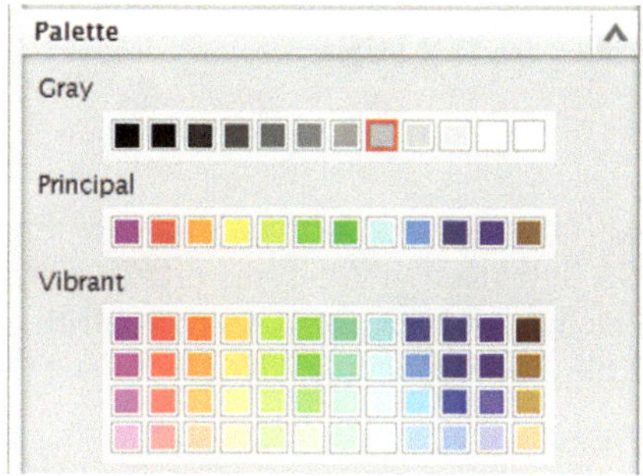

Bild 3-131 Farbpalette

Nachdem Sie eine Auwahl getroffen haben bestätigen Sie die nächsten beiden Fenster mit **OK**.

Nach diesem Prinzip ist es Ihnen möglich die Oberflächenfarbe Ihrer Maus nach eigenem Geschmak zu gestalten.

Ändern Sie z. B. die Farbe des Mausrades, der Handauflagefläche sowie des unteren Bereichs des Gehäuses.

Das Endergebnis mit einer möglichen Farbgebung könnte wie im **Bild 3-132** dargestelt aussehen.

Bild 3-132 Mause mit neuer Farbgebung

4 Produktmodellierung mit NX 9 – Analyse

Um möglichst ‚saubere' Flächen und Flächenübergänge erreichen zu können, ist eine Flächenanalyse unumgänglich. Mit Hilfe der in Siemens NX integrierten Analysewerkzeuge hat der Nutzer die Möglichkeit die Qualität der erzeugten Flächen und des Designs zu kontrollieren und zu bewerten. In diesem Kapitel werden Ihnen drei grundlegende Funktionen der Flächenanalyse mit NX näher gebracht.

4.1 Splines analysieren mit Show Combs

An der in Kapitel 1 modellierten Autofelge soll nun eine Kurvenanalyse durchgeführt werden. Diese Analyse gibt Aufschluss über die Krümmung und den Übergang zwischen den Splines. Öffnen Sie dazu die Datei **AUTOFELGE.PRT** und vergewissern Sie sich, dass die Rollendefinition auf **ADVANCED** eingestellt ist.

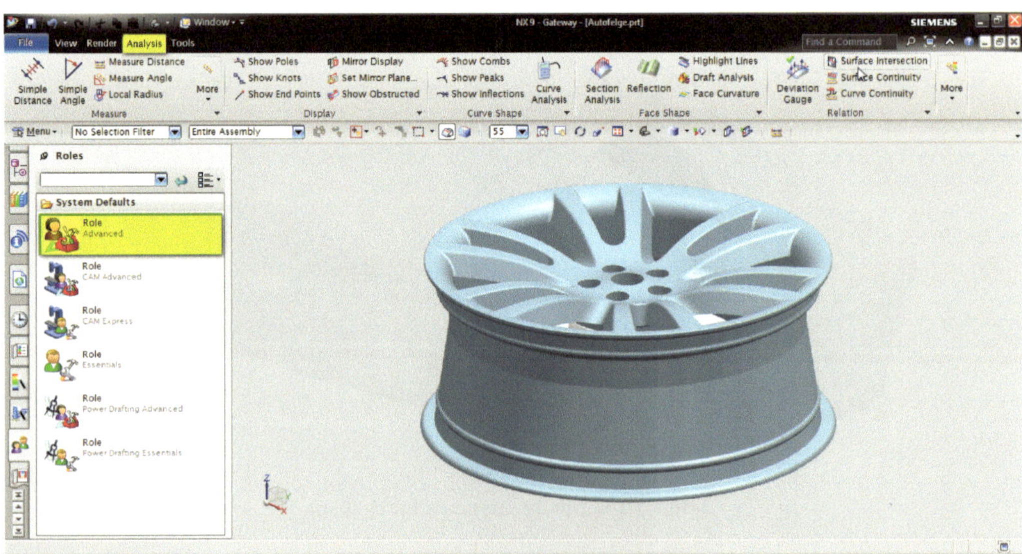

Bild 4-1 Startfenster mit korrekter Rollendefinition – Autofelge

Nun müssen die in Kapitel 2 erzeugten Splines sichtbar gemacht werden. Dazu wird die Funktion **SHOW [STRG+SHIFT+K]** aufgerufen. Es erscheint folgendes Fenster:

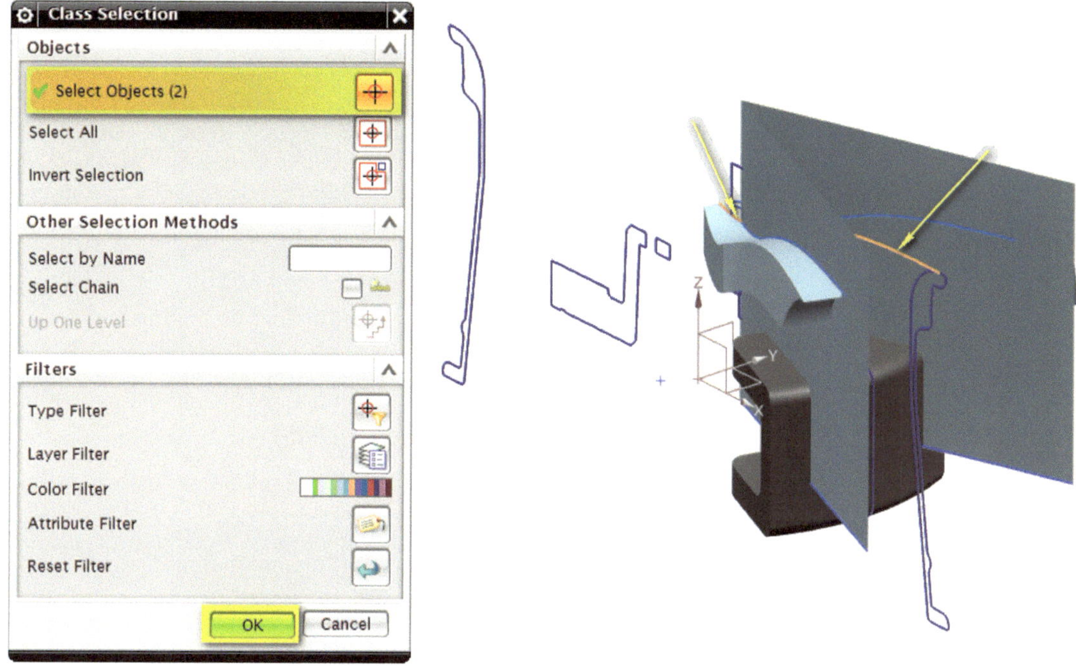

Bild 4-2 Class Selection – Show

Selektieren Sie die in **Bild 4-2** angedeuteten Splines mit der linken Maustaste und bestätigen Sie mit **OK.** Nun sollte folgende Anzeige erscheinen:

Bild 4-3 Felge mit Spline

Jetzt kann die Felge mit der **HIDE [STRG+B]** Funktion ausgeblendet werden.

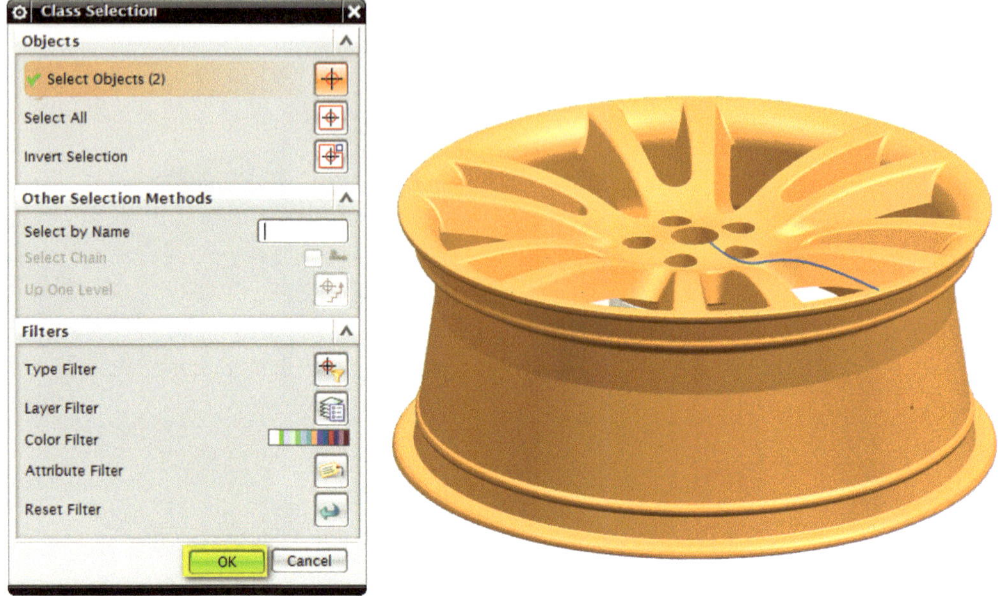

Bild 4-4 Class Selection – Hide

Nun sollten nur noch die beiden Splines angezeigt werden:

Bild 4-5 Selektierte Splines

Nachdem die beiden formgebenden Splines sichtbar gemacht und mit der linken Maustaste selektiert wurden, kann mit der Kurvenanalyse begonnen werden. Dazu öffnen Sie die Funktion **SHOW COMBS [MENU > ANALYSIS > CURVE > SHOW COMBS].** Alternativ können Sie die Funktion auch über den Reiter **ANALYSIS** im Untermenü **CURVE SHAPE** aufrufen.

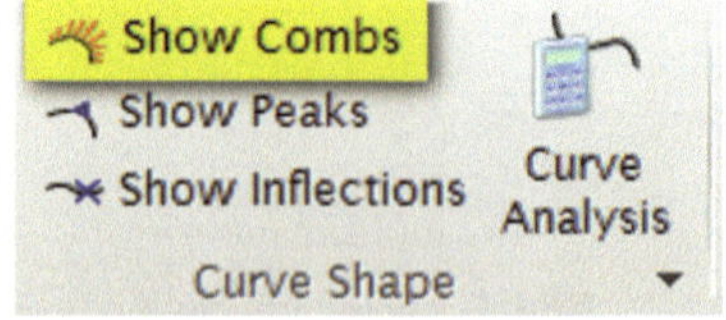

Bild 4-6 Show Combs

Die Funktion Show Combs dient dazu, die Krümmungsstetigkeit der Splines zu analysieren und den Übergang zwischen den Splines zu kontrollieren. Dazu zeigt die Funktion Kämme auf den selektierten Splines, die Aufschluss über den Krümmungsradius und über die Krümmungsstetigkeit geben. Nach erfolgreicher Auswahl sollte die Anzeige wie folgt aussehen:

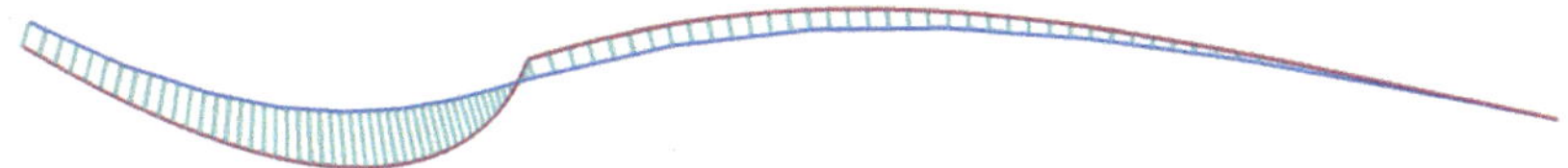

Bild 4-7 Show Combs

Als Nächstes sollte die Skalierung der Kämme angepasst werden, um eine Verfälschung der Kammlängen zu unterbinden. Machen Sie dazu einen Doppelklick auf den linken Kamm. Es öffnet sich das Fenster **CURVE ANALYSIS**.

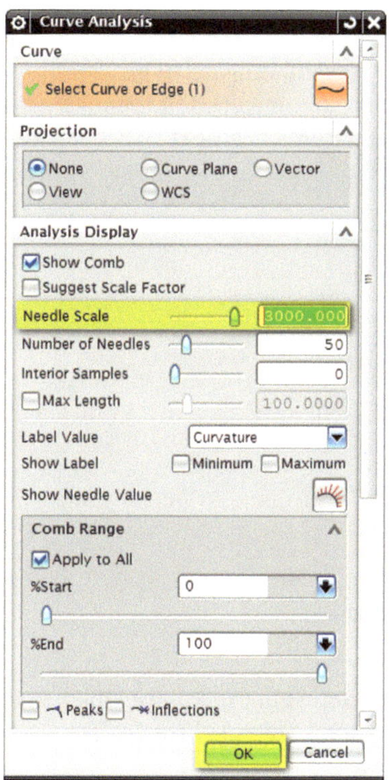

Bild 4-8 Curve Analysis

Setzen Sie den Wert für ‚NEEDLE SCALE' auf **3000** und bestätigen Sie die Eingaben mit **OK.**

Nun sieht die Anzeige folgendermaßen aus:

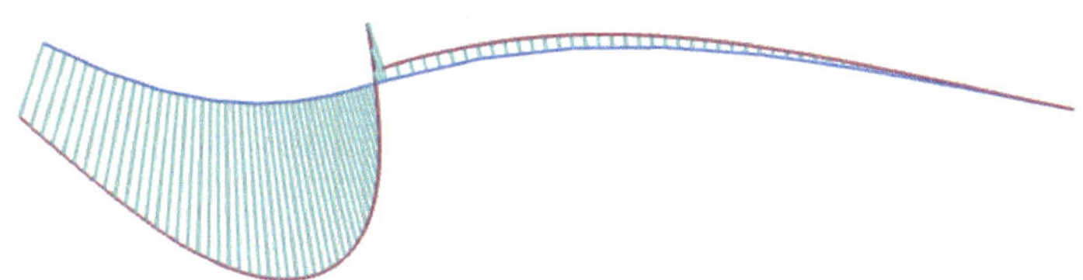

Wie man unschwer erkennen kann, sind die Kammhöhen an der Übergangsstelle beider Splines nun unterschiedlich groß, da der zweite Kamm noch nicht skaliert wurde. Führen Sie den gleichen Arbeitsschritt für den rechten Spline durch und bestätigen Sie die Eingaben mit **OK.**

Nach erfolgreicher Skalierung der Kämme sollte die Anzeige folgendermaßen aussehen:

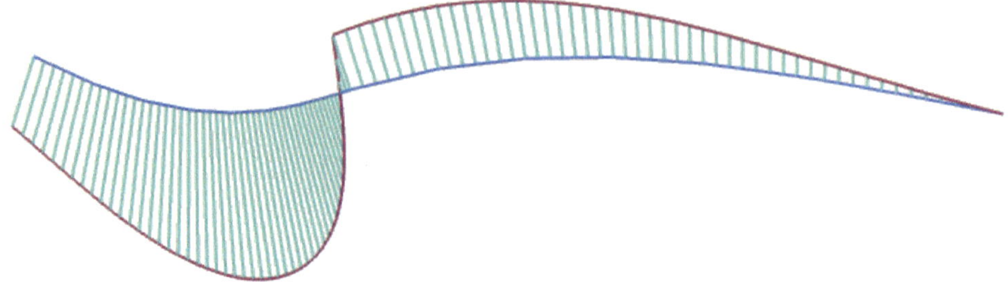

Bild 4-9 Korrekte Skalierung

Die Kämme zeigen, dass die Splines einen einigermaßen harmonischen Verlauf aufweisen. Die Kammstacheln sind hierbei ein Maß für die Krümmung des Splines an der jeweiligen Stelle. Ziel sollte es sein, einen möglichst kleinen Längenunterschied der Kammstacheln, d. h. einen möglichst einheitlichen Krümmungsradius zu erreichen. In diesem Beispiel wird durch die Länge der Kammstacheln deutlich, dass der linke Spline einen geringeren Krümmungsradius aufweist als der rechte. Dadurch ist die Krümmung in diesem Bereich größer. An der Übergangsstelle der Splines besitzen die Kämme die gleiche Stachellänge. Das bedeutet, dass der Übergang krümmungsstetig (G2) verläuft.

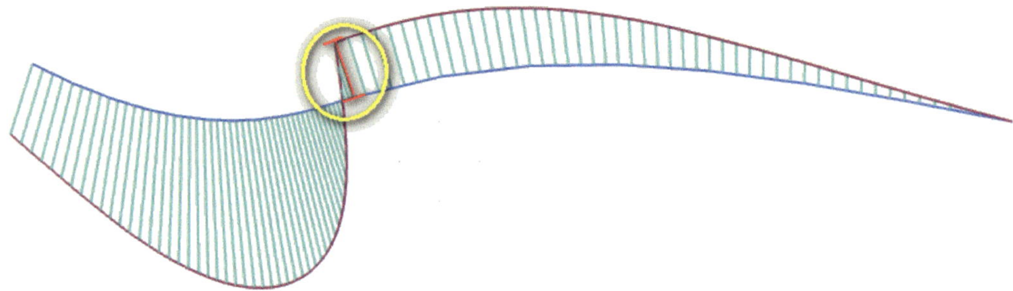

Bild 4-10 Krümmungsstetiger Übergang

Die Kämme liefern eine weitere Information über den Verlauf der Splines. An der Übergangsstelle beider Splines findet ein Richtungswechsel der Krümmung statt. Erkennen kann man dies daran, dass die Stacheln an dieser Stelle die Seite wechseln.

Im Allgemeinen kommt es darauf an, dass die Kämme harmonisch verlaufen, keinen abrupten Richtungswechsel aufweisen und an Flächenübergängen die geforderten Bedingungen erfüllen.

4.2 Face Analysis – Reflection

Mit der Funktion **REFLECTION [MENU > ANALYSIS > SHAPE > REFLECTION]** ist es möglich, die reflektiven Eigenschaften von Flächen optisch zu analysieren. Dabei werden Linien auf ausgewählte Flächen projiziert und je nach Krümmung der Fläche als mehr oder weniger gewellte Linien reflektiert. Der Grad der Welligkeit der reflektierten Linien gibt an, ob die Fläche stetig verläuft oder nicht. Das angestrebte Ziel hierbei ist, dass keine ungewollten scharfen Ecken in den Konturlinien erscheinen und die Reflektionslinien an den Flächenübergängen versatzlos verlaufen.

Als Nächstes soll die Funktion REFLECTION an der in Kapitel 3 modellierten Computermaus angewendet werden. Öffnen Sie dazu die Datei **COMPUTERMAUS.PRT** und vergewissern Sie sich, dass die Rollendefinition auf **ADVANCED** eingestellt ist.

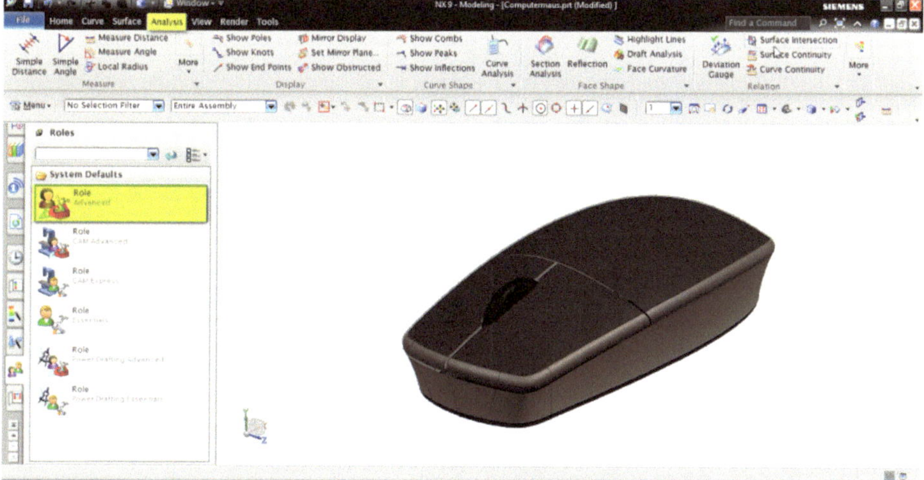

Bild 4-11 Startfenster mit korrekter Rollendefinition – Computermaus

Als Nächstes wird die Funktion **REFLECTION [MENU > ANALYSIS > SHAPE > REFLECTION]** aufgerufen. Alternativ können Sie die Funktion auch unter dem Reiter **ANALYSIS** im Untermenü **FACE SHAPE** aufrufen.

Bild 4-12 Reflection

Es öffnet sich folgendes Fenster:

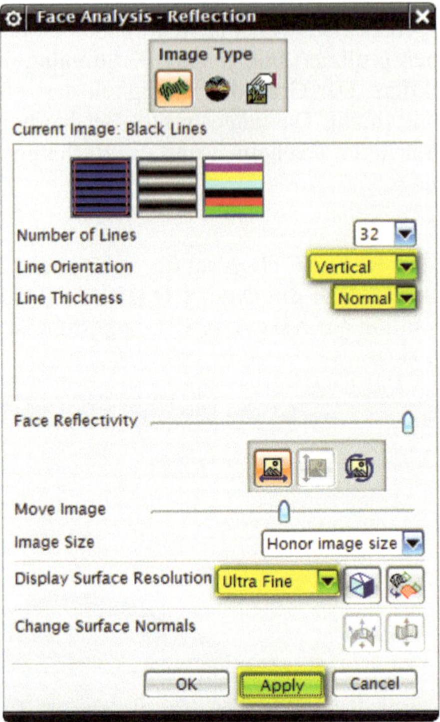

Bild 4-13 Face Analysis – Reflection

Im ersten Untermenü **IMAGE TYPE** können Sie den für die Untersuchung gewünschten Bild-typen einstellen. Dabei haben Sie drei Auswahlmöglichkeiten. Sie können Linien-Bilder, Sze-nen-Bilder oder auch benutzerdefinierte Bilder für die Analyse auswählen. In diesem Beispiel werden wie in **Bild 4-13** zu erkennen ist die Linien-Bilder ausgewählt. Im nächsten Untermenü **CURRENT IMAGE** können Einstellungen an den Reflektionslinien vorgenommen werden, um die Ergebnisse der Analyse zu verdeutlichen. Die Linienart wird mit **BLACK LINES** festgelegt. Die **LINE ORIENTATION** soll in diesem Beispiel auf **VERTICAL** umgeschaltet werden. Die Linienstärke wird auf **NORMAL** gesetzt. Im Untermenü **DISPLAY SURFACE RESOLUTION** kann die optische Feinheit der Linien eingestellt werden. Setzen Sie diese auf **ULTRA FINE**.

Nun müssen noch die zu untersuchenden Flächen ausgewählt werden. Selektieren Sie dazu die in **Bild 4-14** gezeigten Flächen.

Anmerkung: NX 9 wechselt die Ansicht automatisch auf das Drahtmodell.

Bild 4-14 Flächenauswahl

Haben Sie alle Flächen ausgewählt, klicken Sie auf die Schaltfläche **APPLY**. Die Linien sollten nun den Einstellungen entsprechend auf den selektierten Flächen erscheinen.

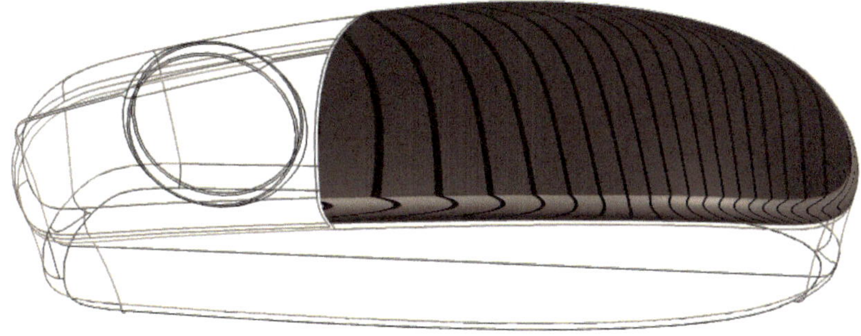

Bild 4-15 Reflektionslinien

Bevor nun mit der optischen Flächenanalyse begonnen wird, sollte dem Nutzer klar sein, was die reflektierten Linien aussagen. Eine glatte und ebene Oberfläche würde die projizierten Linien ohne Verzerrungen reflektieren. Ist die Oberfläche gewölbt, so werden die Linien um den Grad der Oberflächenwölbung gewellt reflektiert. Ist die reflektierende Oberfläche an einer Stelle unstetig, so wirkt sich diese Unstetigkeit auf die reflektierten Linien aus, sodass der Nutzer in der Lage ist die Position der Unstetigkeit zu identifizieren und bei Bedarf zu beseitigen. Besonders an Flächenübergängen liefern die reflektierten Linien aussagekräftige Ergebnisse, wie Sie am Beispiel der Computermaus sehen werden.

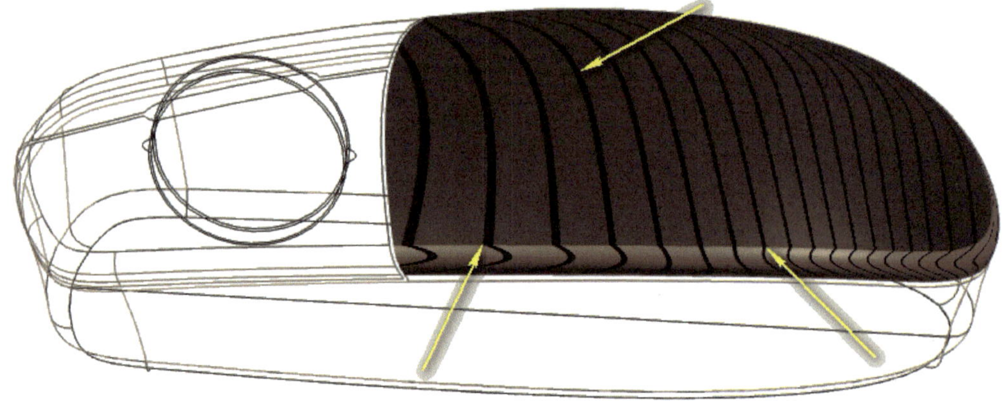

Bild 4-16 Flächenübergänge geometrische Stetigkeit G1

An dem im **Bild 4-16** gezeigten Flächenübergang ist klar erkennbar, dass die Reflektionslinien nicht tangentenstetig verlaufen. Die Enden der reflektierten Linien beider Flächen treffen sich exakt an der Kontur und gehen mit einem Knick ineinander über. Das wiederum kann ein Indiz für einen tangentialen Übergang der Flächen sein. Da sich aber die Linien am Übergang treffen und einen Knick aufweisen, kann man mit Sicherheit sagen, dass die Übergänge besser als G0 und nicht G2-stetig sind. An der Deckfläche ist keine Unstetigkeit im Verlauf der Linien erkennbar, da es sich bei den beiden Flächen eigentlich um ein und dieselbe Fläche handelt, da diese bei der Modellierung gespiegelt wurden.

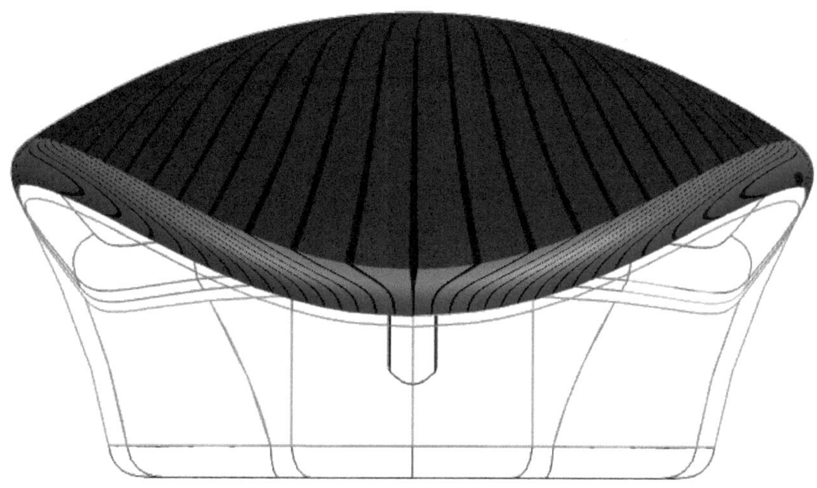

Bild 4-17 Flächenübergänge geometrische Stetigkeit G1 – Hinteransicht

Auch bei der Hinteransicht der Computermaus ist keine Unstetigkeit im Verlauf der Linien erkennbar. Die Flächenübergänge sind ähnlich wie im **Bild 4-16** . Die Reflektionslinien treffen sich exakt an der Flächenübergangskontur und gehen ineinander über. Das Gesamtergebnis für die Flächenanalyse der ausgewählten Flächen der Computermaus ist somit zufriedenstellend auch wenn diese für Class-A Surfacing nicht ausreichend wäre.

Sie können die Flächenanalyse auch an der in Kapitel 1 modellierten Autofelge durchführen. Gehen Sie dazu einfach analog zur Flächenanalyse der Computermaus vor und beurteilen Sie anhand der reflektierten Linien die Qualität der Flächen.

4.3   Face Analysis – Radius

Mit der Funktion **RADIUS [MENU > ANALYSIS > SHAPE > RADIUS]** kann der Krümmungs- und Radiusverlauf an jeder Stelle einer Fläche ermittelt werden. Verwendet wird die Funktion auch, um Unregelmäßigkeiten in Flächen festzustellen. Durch eine große Auswahl an Radiustypen ist eine vielseitige Analyse möglich.

Mit Hilfe der Funktion RADIUS soll eine Flächenanalyse an der in Kapitel 1 modellierten Autofelge erfolgen. Öffnen Sie dazu die Datei **AUTOFELGE.PRT** und vergewissern Sie sich, dass die Rollendefinition auf **ADVANCED** eingestellt ist. Öffnen Sie die Funktion **RADIUS [MENU > ANALYSIS > SHAPE > RADIUS]**. Es erscheint folgendes Fenster:

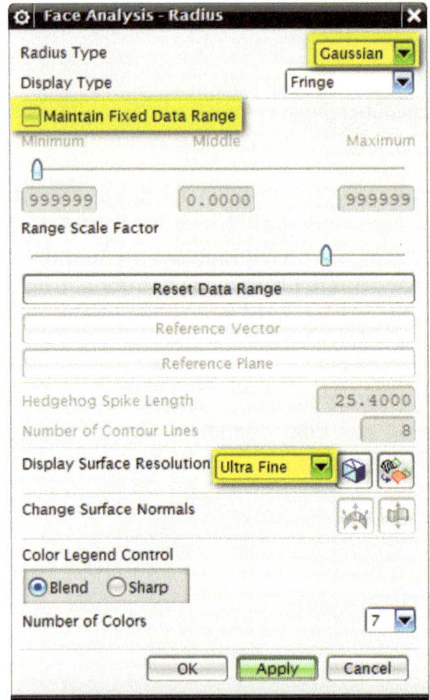

Bild 4-18 Face Analysis – Radius

Bei der Flächenanalyse mit der RADIUS-Funktion stehen mehrere Radiustypen zur Auswahl. In der nachfolgenden Analyse wird der **RADIUS TYPE** auf **GAUSSIAN** gesetzt. Das hat zur Folge, dass die Farbverteilung der Analyse nach der durchschnittlichen Radienverteilung, welche auf die Erkenntnisse des Mathematikers Carl Friedrich Gauß zurückgehen, erfolgt. Desweiteren wird der Haken bei **MAINTAIN FIXED DATA RANGE** entfernt. Die **DISPLAY SURFACE RESOLUTION** wird auf **ULTRA FINE** gesetzt. Haben Sie alle Einstellungen aus **Bild 4-18** übernommen, so kann mit der Flächenselektion begonnen werden.

Bevor Sie mit der Selektion der Flächen beginnen, schalten Sie die Ansicht auf **SHADED WITH EDGES**, indem Sie auf der freien Modellierfläche die rechte Maustaste gedrückt halten und den Mauszeiger auf die korrekte Schaltfläche bewegen. Wählen Sie mit der linken Maustaste die im **Bild 4-19** abgebildeten Flächen aus.

Bild 4-19 Flächenauswahl

Klicken Sie auf die Schaltfläche **APPLY**. Die Ansicht wechselt automatisch auf das Drahtmodell. Folgende Anzeige sollte zu sehen sein:

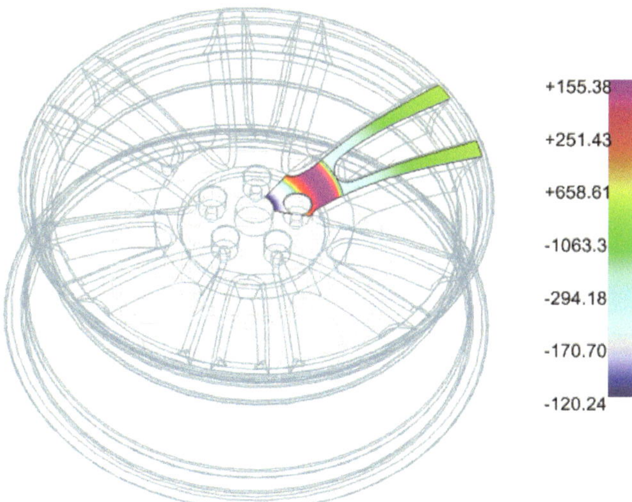

Bild 4-20 Radius Type Gauß

Wie Sie im **Bild 4-21** sehen können, befindet sich rechts neben dem Modell eine Farbskala, die die jeweiligen Radien der ausgewählten Flächen angibt. Bei genauerem Betrachten der Skala fällt ein Vorzeichenwechsel auf. Das bedeutet, dass die Fläche in mehr als eine Richtung gekrümmt ist. In **Bild 4-21** ist der Richtungswechsel nochmals deutlich zu sehen.

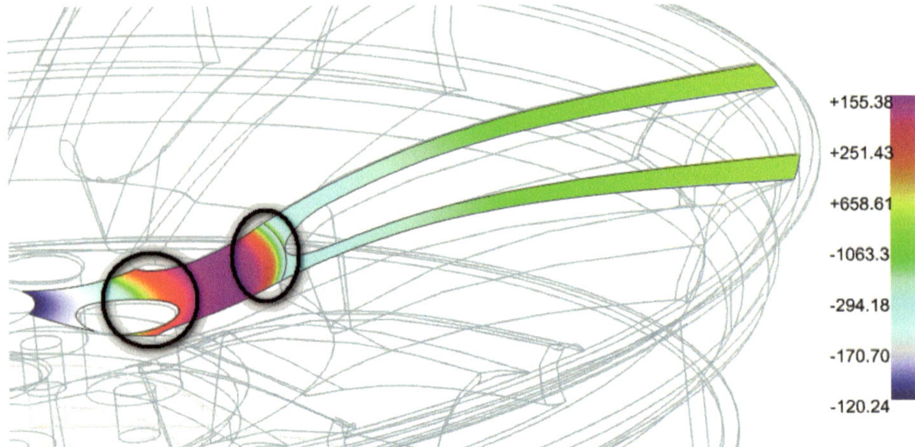

Bild 4-21 Vorzeichenwechsel

Bei der Autofelge ist der Vorzeichenwechsel kein Problem, da es sich um eine „gewollte" Krümmung der Fläche handelt. Kritisch wäre es hingegen, wenn bei der Analyse einer Fläche, die sich nur in eine Richtung krümmen soll, ein Vorzeichenwechsel auftreten würde. Das würde nämlich bedeuten, dass die Fläche eine „Delle" oder Beule" aufweist.

Als Nächstes soll eine Radiusanalyse an der Computermaus aus Kapitel 2 durchgeführt werden. Öffnen Sie dazu die Datei COMPUTERMAUS.PRT und stellen Sie sicher, dass die Rollendefinition auf ADVANCED eingestellt ist. Rufen Sie nun wieder die Funktion **RADIUS** **[MENU > ANALYSIS > SHAPE > RADIUS]** auf. Es erscheint folgendes Fenster:

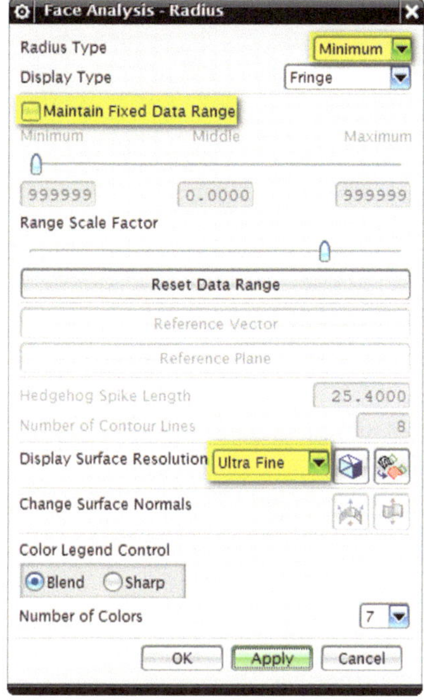

Bild 4-22 Face Analysis – Radius

Bei dieser Untersuchung wird ein anderer RADIUS TYPE verwendet. Stellen Sie den **RADIUS TYPE** auf **MINIMUM**. Die anderen Einstellungen können beibehalten werden. Bei dieser Analyse bekommt der Nutzer den gesamten Radienverlauf über die gewählte Fläche und kann eventuell sehen an welchen Stellen der Radiuswert über bzw. unter den Vorgaben liegt.

Selektieren Sie die im **Bild 4-23** gezeigte Fläche.

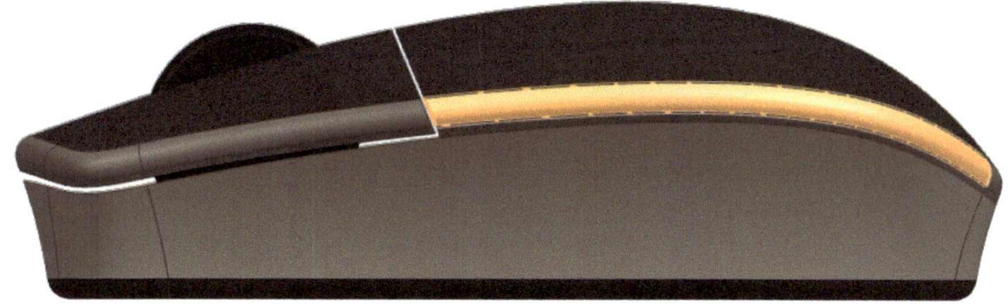

Bild 4-23 Flächenselektion

Die Anzeige sollte nun folgendermaßen aussehen:

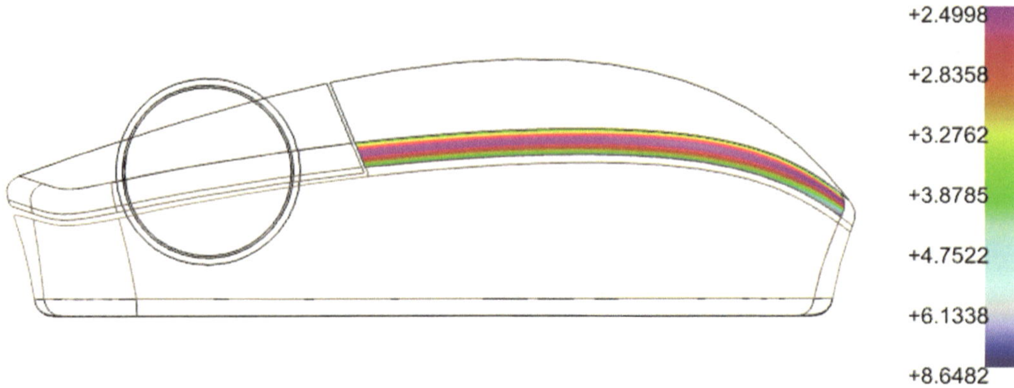

Bild 4-24 Radius Type – Minimum

Die Farbskala zeigt, dass sich der minimale Radius entlang der selektierten Fläche zwischen 2,4998 und 8,6482 mm bewegt. Würde nun die Herstellervorgabe für den Minimalradius einen Wert größer als 2,49 mm verlangen, so müsste die Konstruktion nochmals überarbeitet werden.

Stellen Sie den **RADIUS TYPE** auf **MAXIMUM** und selektieren Sie die im **Bild 4-25** gezeigten Flächen.

Bild 4-25 Flächenauswahl für Radius Type – Maximum

Bestätigen Sie die Eingaben mit **APPLY**.

Die Anzeige sollte folgendermaßen aussehen:

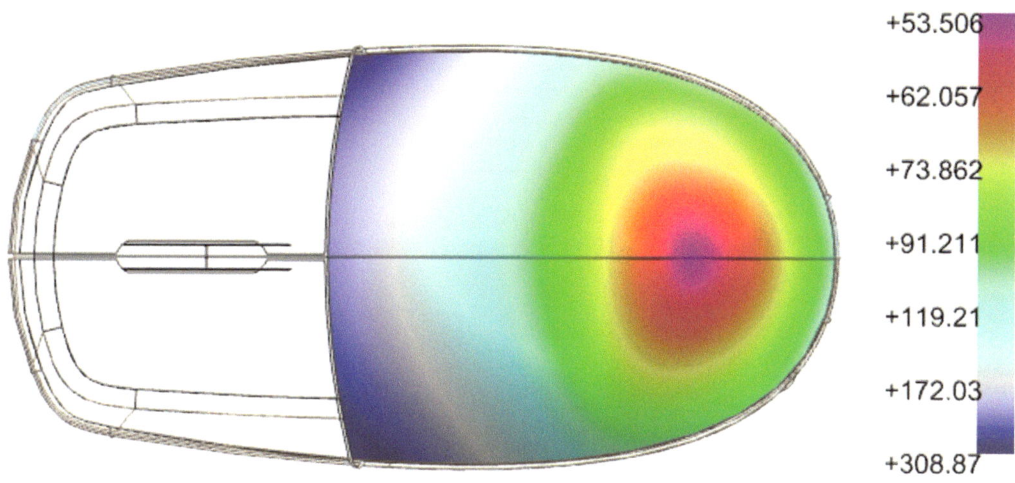

Bild 4-26 Radius Type – Maximum

Mit diesem Radiustyp kann der maximale Radius der Deckfläche der Computermaus ermittelt werden. In diesem Fall beträgt der maximale Radius 308,87 mm und befindet sich im blauen Bereich.